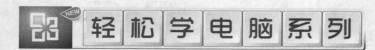
轻松学电脑系列

U0129057

新手
学电脑入门与提高

（Windows 7 +
Office 2010版）

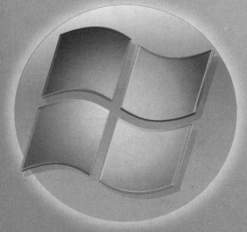

文杰书院　编著

化学工业出版社
·北京·

本书以通俗易懂的语言、精挑细选的实用技巧、翔实生动的操作案例，全面介绍了电脑基本操作知识以及应用案例，全书共分 5 篇 14 章，主要内容包括初步了解电脑、学会使用键盘和鼠标、Windows 7 基础操作入门、轻松输入汉字、管理电脑中的资料、设置个性化的系统、Windows 7 的常见附件、Windows 2010 基础操作、Excel 2010 基础操作、PowerPoint 2010 基础操作、上网冲浪、网上聊天与通信、常用工具软件、保护电脑安全等方面的知识、技巧及应用案例。

本书附赠一张精心制作的专业级多媒体电脑教学光盘，它采用全程语音讲解、情景式教学方式，紧密结合书中的内容对各个知识点进行了深入的讲解，内容丰富，直达学习核心，相信一定能令广大读者达到事半功倍的学习效果。

本书结构清晰，讲解到位，内容实用，知识点覆盖面广，既适合无基础又想快速掌握电脑入门操作的读者，又适合广大电脑爱好者及各行各业人员作为自学手册使用，同时还可以作为大中专院校或者企业的培训教材。

图书在版编目（CIP）数据

新手学电脑入门与提高（Windows 7 + Office 2010 版）／ 文杰书院编著． —北京：化学工业出版社，2011.7
（轻松学电脑系列）
ISBN 978-7-122-10923-1
ISBN 978-7-89472-434-2

Ⅰ．新… Ⅱ．文… Ⅲ．①窗口软件，Windows 7②办公自动化-应用软件，Office 2010 Ⅳ．①TP316.7②TP317.1

中国版本图书馆 CIP 数据核字（2011）第 056544 号

责任编辑：张 立 张 敏 　　　　　　　　装帧设计：刘丽华
责任校对：王素芹

出版发行：化学工业出版社（北京市东城区青年湖南街 13 号 邮政编码 100011）
印 　装：三河市延风印装厂
787mm×1092mm　1/16　印张 14 $\frac{1}{2}$　字数 339 千字　　　2011 年 7 月北京第 1 版第 1 次印刷

购书咨询：010-64518888（传真：010-64519686）　售后服务：010-64518899
网 　址：http://www.cip.com.cn
凡购买本书，如有缺损质量问题，本社销售中心负责调换。

定 　价：39.80 元（含 1CD-ROM）　　　　　　　　　　版权所有　违者必究

前　言

随着电脑的推广与普及，电脑已走进了千家万户，成为人们工作、娱乐、通信必不可少的工具，同时熟练使用电脑也成为越来越多的人必须具备的能力。为帮助读者快速提升电脑应用能力，本书在内容设计上满足了广大电脑初学者渴望全面学习电脑知识的要求，以便在日常的学习和工作中学以致用。

本书以通俗易懂的语言、精挑细选的实用技巧、翔实生动的操作案例，全面介绍了初学者学习电脑必须掌握的基础知识、使用方法和操作技巧。本书主要包括以下 5 个方面的内容：

第 1 篇　电脑的基本操作

本书第 1 章～第 7 章，介绍了电脑的基本操作，包括认识电脑、使用键盘与鼠标、Windows 7 基础操作入门、在电脑中输入汉字的方法、管理电脑中的资料、设置个性化的Windows 7 和灵活使用 Windows 7 的常见附件，帮助读者快速掌握电脑的基本知识。

第 2 篇　Office 2010 办公软件

本书第 8 章～第 10 章，介绍了 Word 2010、Excel 2010 和 PowerPoint 2010 的基础操作，并在每章知识讲解的过程中，结合了大量的精美实例，帮助读者快速掌握 Office 2010办公软件方面的知识。

第 3 篇　上网冲浪与聊天

本书第 11 章～第 12 章，介绍了使用 Internet 浏览器搜索网络信息、使用免费的网络资源、在网上聊天与收发电子邮件等的方法，帮助读者快速掌握网上冲浪基础操作方面的知识。

第 4 篇　常用工具软件

本书第 13 章，介绍了常用的工具软件的使用方法，包括 ACDSee 看图软件、千千静听、暴风影音、WinRAR 压缩软件、刻录软件和翻译软件，帮助读者快速掌握常用工具软件的使用方法。

第 5 篇　保护电脑安全

本书第 14 章，介绍了保护电脑的方法，包括电脑病毒的防范、系统磁盘的清理与维护、Windows 7 系统备份与还原、使用 Ghost 备份与还原系统的方法，帮助读者快速掌握电脑安全方面的知识。

在编写过程中，我们注重全书知识点紧密结合，根据知识板块的联系，设计了"智慧锦囊"和"知识扩展"两个栏目，引领读者轻松理解和掌握所学知识。"智慧锦囊"帮助读者学习本节操作步骤有关的操作经验，增强读者的技巧实践能力；"知识扩展"帮助读者掌握与本节知识相关的知识点，从而拓展知识，达到触类旁通的目的。

本书配套的多媒体视频教学光盘中收录了本书有关章、节主要知识点的视频讲解，读者可以一边看书学习，一边观看光盘视频同步教学内容。

本书由文杰书院编著，参与编写工作的有李军、孟宪特、吴世闻、樊红梅、罗子超、李强、蔺丹、高桂华、周军、李统财、安国英、蔺寿江、刘义、贾亚军、蔺影、周莲波、贾亮、闫宗梅、田园、高金环、李博、贾万学、安国华、宋艳辉等。

由于编者水平有限，书中不足之处敬请广大读者批评指正。

编　　者

目　录

Chapter 10　PowerPoint 2010 基础操作 124

第 5 篇　保护电脑安全

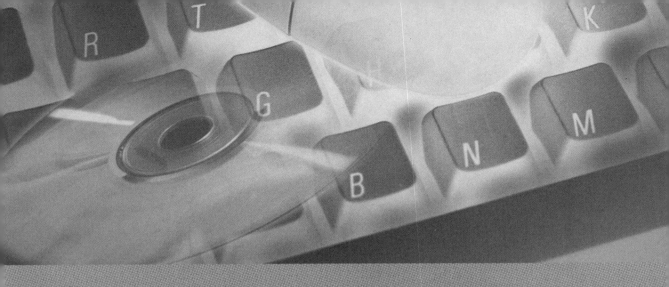

第1篇 电脑的基本操作

主 要 内 容

1

Chapter >> 1

初步了解电脑

本章主要内容

本章将主要介绍有关电脑的基础知识，包括什么是电脑，电脑的用途，电脑的软、硬件系统，还介绍了如何连接电脑硬件设备的操作方法。通过本章的学习，读者可以初步了解有关电脑的知识，为深入学习和使用电脑奠定基础。

1.1 初识电脑

电脑是计算机的俗称，具有强大的运算分析能力。当今社会，电脑已走进千家万户，是职员办公、学生学习和人们休闲娱乐的一种工具。本节将介绍电脑概念和用途方面的有关知识。

1.1.1 什么是电脑

电脑是一种利用电子学原理，根据一系列指令来对数据进行处理的机器，它可以快速地对输入的信息进行存储和分析等操作。

常见的电脑有台式电脑和笔记本电脑两种，下面将对其进行介绍。

1. 台式电脑

台式电脑，是一种各部件相对独立的计算机，如主机、显示器等设备一般都是相对独立的。台式电脑体积较大，需要放置在电脑桌或专门的工作台上，因此命名为台式电脑，如图1-1所示。

2. 笔记本电脑

笔记本电脑又称手提式电脑，体积小，携带方便。它内部装有电池，可以在没有连接电源的情况下使用，如图1-2所示。

图 1-1   图 1-2

1.1.2 电脑的用途

电脑的用途多种多样，当今社会，电脑在各个领域都大显身手，帮助人们完成各种工作。当在电脑中安装各种软件后，用户就可以使用电脑办公、上网浏览网页信息、游戏娱乐等，下面将介绍电脑的用途。

1. 电脑办公

使用电脑办公非常方便，大到社会统计，小到会议记录，都可以通过电脑中的办公软件来完成。用户在电脑中安装 Microsoft Office 或其他办公软件后，电脑就可以帮助用户完成很多日常事务，让工作变得更为轻松，如图 1-3 所示。

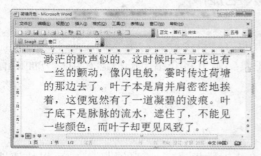

图 1-3

2．浏览信息

网络上的内容丰富多彩，用户连接宽带后，使用 Windows 7 系统中安装的 IE 浏览器可以查询新闻、天气和交通信息，还可以在线观看电视、电影，收听电台和音乐等，如图 1-4 所示。

图 1-4

3．游戏娱乐

用户除了使用电脑完成工作外，闲暇之余，还可以享受到电脑带来的休闲娱乐生活，例如玩玩纸牌、下下象棋等。Windows 7 系统中自带了很多好玩的游戏，用户可以在线同好友一起玩游戏，如图 1-5 所示。

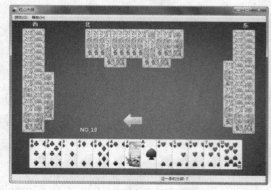

图 1-5

1.2　电脑硬件

电脑的硬件设备主要包括主机、显示器、键盘和鼠标等，根据需要还可以连接音箱等设备。本节将介绍电脑外部设备的相关知识。

1.2.1　主机

主机是电脑的重要组成部分，是电脑中的核心部件，存放着电脑中的全部资料。主机配置的高低，直接决定着电脑本身的好坏。

1．主机箱的外观

机箱是用来固定机箱内零部件的，并且可以屏蔽灰尘和电脑工作时对人体的电磁辐射。机箱的外部包括电源开关、光驱的出入口、工作指示灯和 USB 接口，机箱后部还有很多可以连接外部设备的接口，如耳机接口、麦克风接口、打印机接口、扫描仪接口等，如图 1-6 所示。

2．机箱的内部

机箱内部安装了电脑正常运转需要的各种硬件，主要有主板、CPU、内存、硬盘、显卡、声卡、光驱等，如图 1-7 所示。

图 1-6

图 1-7

- 主板：它是电脑的重要构成部分，包含了所有重要的电子器件及接口。电脑通过主板将 CPU 等各个部件和外部设备有机结合起来，形成一套完整的系统。
- CPU：即中央处理器，它是电脑的核心部件，负责运算和分析任务。CPU 的性能直接关系着电脑整体性能。
- 内存：它主要用于存放程序和等待处理的数据，电脑中几乎所有的操作都会用到内存。

- **硬盘**：它是电脑使用的主要存储设备，由一个盘片组和硬盘驱动器组成，盘片的表面镀有大量的磁粉，用电磁技术记录各种数字信息。
- **显卡**：又称"显示适配器"，其基本作用是控制显示器的显示方式。电脑中显示系统的优劣主要取决于显卡，有些电脑中显卡是集成在主板上的。
- **声卡**：又称"音频卡"，是实现声波与数字信号相互转换的一种硬件。声卡的基本功能是把音频文件的原始声音信号加以转换，输出到耳机、音箱等声响设备。
- **光驱**：即光盘驱动器，主要用于读取光盘中的数据。

1.2.2 显示器

显示器是电脑重要的输出设备，通过与主机的连接，显示器可以将电脑中的文件、数据、程序等信息显示在屏幕上。常见的显示器有 CRT 显示器和 LCD 显示器，下面分别对它们进行介绍。

1．CRT 显示器

CRT 显示器也称纯平显示器，具有广阔的视角、真实的色彩，而且无坏点、色彩还原度高、画面响应时间短，但体积相对较大，如图 1-8 所示。

2．LCD 显示器

LCD 显示器也称液晶显示器，由于其具有电磁辐射低、机身薄、重量轻、耗电量少等优点，越来越被用户所喜爱，如图 1-9 所示。

图 1-8

图 1-9

1.2.3 键盘和鼠标

用户通过使用键盘和鼠标来对电脑发出指令，电脑接收指令后，开始运行程序帮助用户完成工作。掌握键盘和鼠标的操作是使用电脑的开始，本节主要介绍键盘和鼠标的相关知识。

1．键盘

键盘是电脑非常重要的输入设备，尤其在编辑文本或编写程序时，通过键盘可以将相关的数据、文本信息、程序命令等内容输入到电脑中，让电脑帮助用户完成工作。

- 台式电脑键盘：常见的台式电脑键盘上的按键个数一般为 101～110 个，通过 PS/2 或 USB 接口与主机相连，台式电脑键盘的接口通常为紫色，如图 1-10 所示。
- 笔记本电脑键盘：笔记本电脑中内置有键盘，受体积限制，通常较为轻薄，并且按键的键程较短，如图 1-11 所示。

图 1-10

图 1-11

◆ 知识拓展

随着用户对电脑人性化需求的提高，很多键盘上除了标准的按键外，又设置了许多快捷键，如声音、亮度的调节所用到的快捷键，玩游戏或网络浏览时使用的各种热键等。

2. 鼠标

鼠标是一种点击式的输入设备，有许多的应用软件都以鼠标作为主要的输入工具。

按照外观来划分，我们可以将鼠标分为两键鼠标、三键鼠标和多键鼠标，目前最为常见的是三键鼠标，如图 1-12 所示。

按照有无电线连接来划分，我们可以将鼠标分为有线鼠标和无线鼠标。无线鼠标与主机之间没有电线连接，使用电池供电，具有自动休眠功能，如图 1-13 所示。

图 1-12

图 1-13

1.2.4 音箱

音箱是一种可以将电信号还原成声音的装置，是电脑主要的声音输出设备。如今随着多媒体应用的发展，音箱已经成为电脑必不可少的一个部件。

按照声道来划分，我们可以将音箱分为 4 类：2.0 式，即双声道音箱；2.1 式，即双声道另加一个超重低音声道；4.1 式和 5.1 式，即四声道和五声道加一个超重低音声道。目前，一般用户家中使用的多是 2.1 式的音箱，如图 1-14 所示。

图 1-14

1.3　电脑软件

电脑软件是用户与电脑交流的重要媒介，它是指一系列按照特定顺序组织的计算机数据和指令的集合，用于指挥电脑执行各种命令以完成指定的任务。

一般电脑软件分为系统软件和应用软件，下面将分别对它们进行介绍。

1.3.1　系统软件

系统软件为电脑提供最基本的功能，主要负责协调各个独立硬件，使得这些零部件能够顺利运转起来，同时管理维护电脑中的软件资源，有效地帮助用户完成工作。

系统软件可分为操作系统和支撑软件，下面将分别对它们进行介绍。

1. 操作系统

操作系统是管理电脑硬件与软件资源的程序，同时也是计算机系统的内核与基石，主要用来控制其他程序运行、管理系统资源、为用户提供操作界面等。

电脑上常见的操作系统有 DOS、OS/2、UNIX、XENIX、LINUX、Windows、Netware 等。目前，大多数用户使用的是微软公司的 Windows 操作系统，如图 1-15 所示。

2. 支撑软件

支撑软件是支撑各种软件开发与维护的软件，又称为软件开发环境，主要包括环境数据库、各种接口软件和工具组等，如图 1-16 所示。

图 1-15　　　　　　　　　　　　　　　　　图 1-16

1.3.2　应用软件

应用软件是解决具体问题的软件，是为满足用户不同领域、不同问题的应用需求而研制开发的软件。

应用软件是用户可以使用的各种程序设计语言，以及用各种程序设计语言编制的应用程序的集合，它可以拓宽计算机系统的应用领域，加强硬件的功能。

按照应用软件的服务对象来划分，可以将应用软件分为通用软件和专用软件两大类，下面将分别对它们进行介绍。

1.　通用软件

通用软件支持最基本的应用，广泛应用于各个行业领域。通用软件多数属于工具类软件，如办公用的 Office、压缩软件 WinRAR、看图软件 ACDSee 和下载软件"迅雷"等，如图 1-17所示。

2.　专用软件

专用软件是应用于某一专业领域，为解决特定的问题而专门开发的软件。如今在各个行业和领域中，都有专业软件的身影出现，如平面设计中常用的 Photoshop、动画设计用的 3ds Max、企业管理用的 SAP 等，如图 1-18 所示。

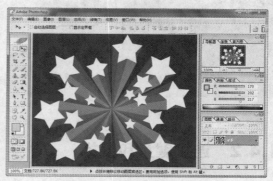

图 1-17　　　　　　　　　　　　　　　　　图 1-18

1.4 连接电脑硬件设备

电脑是由很多硬件设备构成的，如果准备使用电脑，就应该将这些硬件设备正确地连接在一起。其中，电脑的外部设备包括鼠标、键盘、显示器和电源线等，将这些外部设备安装好后，才可以开机使用电脑。

1.4.1 连接显示器

无论是 CRT 显示器还是 LCD 显示器，与电脑主机的连接方法完全相同。

第1步 将显示器上与主机连接的信号线插头插入主机的显示端口，如图 1-19 所示。

插入端口

图 1-19

第2步 当插头插入端口后，将显示器信号线两侧的螺丝拧紧，如图 1-20 所示。

拧紧

图 1-20

第3步 再将显示器电源线的另一端插入电源插座中。通过以上操作，即可将显示器连接到主机上，如图 1-21 所示。

连接电源

图 1-21

知识拓展

插入显示器信号线时，应对准端口，水平轻轻插入；拧紧螺丝时，应将两个螺丝交替拧紧，这样可以防止信号线松动。

1.4.2 连接键盘和鼠标

用户只有将键盘和鼠标与主机相连，才能在电脑中输入数据并发布命令。

第1步 将键盘的插头插入主机背面的键盘端口中，端口颜色为紫色，如图 1-22 所示。

第2步 将鼠标的插头插入主机背面的鼠标端口中，端口颜色为绿色。通过以上操作，即可将键盘和鼠标连接到主机上，如图 1-23 所示。

图 1-22

图 1-23

◆ **知识拓展**

常用的 PS/2 接口的鼠标和键盘通常需要在电脑关闭时连接主机，如果在开机时连接，电脑无法识别就需要重新启动；如果用户使用的是 USB 接口的鼠标和键盘，则随时可以连接电脑主机，即插即用。

1.4.3 连接电源

电源，通常指主机的电源线，即与机箱中的电源相连的那一根线，另一端与电源插座相连，用于提供电能，连接好电源后才能让电脑运转起来。

第1步 将电源线与主机相连的一端，按照正确的方向插入到机箱内，如图 1-24 所示。

第2步 通过以上操作，即可将电源线与主机相连，如图 1-25 所示。

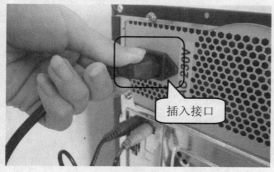

插入接口

图 1-24

230V

连接成功

图 1-25

Chapter >> 2

学会使用键盘和鼠标

本 章 要 点
- 初识键盘
- 键盘的使用方法
- 初识鼠标
- 鼠标的使用方法

本章主要内容

本章将主要介绍键盘和鼠标的相关知识，包括初识键盘、键盘的使用方法、初识鼠标、鼠标的使用方法，同时还将讲解正确的键盘指法、正确的打字姿势、正确的击键方法和正确把握鼠标的方法等。通过本章的学习，读者可以掌握键盘和鼠标的有关知识以及使用方法，为深入学会并使用电脑奠定基础。

2.1 初识键盘

键盘广泛应用于电脑和各种终端设备上。电脑操作者通过键盘向电脑输入各种指令、数据，指挥电脑的工作。键盘主要分为主键盘区、功能键区、编辑键区、数字键区和状态指示灯区 5 部分，本节将具体介绍键盘的各个组成部分，如图 2-1 所示。

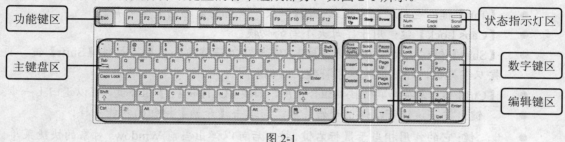

图 2-1

2.1.1 主键盘区

主键盘区是键盘最主要的一个区域，由 26 个字母按键、14 个控制按键、11 个符号按键和 10 个数字按键，共 61 个按键组成。

1. 字母键

在主键盘区的中间，包括 A～Z 的 26 个字母按键，用于输入英文字母或汉字，如图 2-2 所示。

2. 数字键

在主键盘的上方，包括 0～9 的 10 个数字按键，用于输入数字，如图 2-3 所示。在输入汉字时，也需要配合数字按键来选择准备输入的汉字。

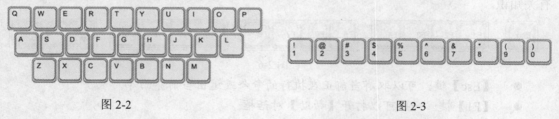

图 2-2   图 2-3

3. 符号键

在主键盘区的两侧，共有 11 个符号按键，其中每个按键都有两个字符，所以数字键与符号键统称双字符键，如图 2-4 所示。10 个数字键的上方也有符号，通过与【Shift】键的组合使用可以输入上方的符号。

4. 控制键

在主键盘区的外围，共有 14 个控制按键，其中，【Shift】、【Ctrl】、【Windows】和【Alt】按键左右各有一个，用于辅助执行命令，如图 2-5 所示。下面具体介绍控制键区的有关知识。

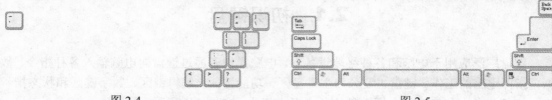

图 2-4   图 2-5

- 【Tab】键：也称"制表键"，每按一次，光标向右移动 8 个字符。
- 【Caps Lock】键：用于字母大小写的切换。
- 【Shift】键：又称"上档选择键"，常与双字符键组合使用。按住【Shift】键，再按双字符键，即可输入双字符键上方的符号。
- 【Ctrl】键：需要与其他按键组合使用，如按【Ctrl】+【Z】组合键，可以退回上一步。
- 键：按下该键可以弹出开始菜单，与单击【开始】按钮的功能一样。
- 键：它的作用相当于鼠标右键，按下后可以弹出当前 Windows 对象的快捷菜单。
- 【Alt】键：需要与其他按键组合使用，如按【Alt】+【Tab】组合键可以切换窗口。
- 【Space Bar】键：又称"空格键"，用于输入空格，每按一次，光标向右移动 1 个字符。
- 快捷键：位于右侧【Windows】键的右侧，按下该键可以弹出当前目标的快捷菜单，与右击鼠标的功能一样。
- 【Enter】键：又称"回车键"，在输入文字时用于换行，在操作命令时用于确定命令。
- 【Back Space】键：又称"退格键"，用于删除光标左边一个字符的内容。

2.1.2　功能键区

功能键区是位于键盘上方的一排按键，包括【Esc】键、【F1】～【F12】键、【Wake Up】键、【Sleep】键和【Power】键，共计 16 个按键，如图 2-6 所示。每一个功能键并没有固定的功能，在不同的软件中，每个功能键的操作功能也会有所不同。下面具体介绍功能键区的有关知识。

图 2-6

- 【Esc】键：可以取消当前正在执行的命令或退出当前界面等。
- 【F1】键：一般可以打开【帮助】对话框。
- 【F2】键：一般用于修改图标名称。
- 【F3】键：一般可以打开【搜索结果】窗口。
- 【F4】键：一般可以打开当前下拉列表框。
- 【F5】键：一般用于刷新当前窗口中的内容。
- 【F6】键：一般可以切换当前选择的内容。
- 【F10】键：一般可以打开当前窗口菜单栏中的菜单。
- 【F11】键：一般可以隐藏当前窗口中的标题栏和菜单栏。
- 【Wake Up】键：又称"唤醒键"，可以将系统从休眠状态中唤醒。

- 【Sleep】键：又称"休眠键"，使系统进入休眠状态。
- 【Power】键：又称"电源开关键"，可以关闭电脑，等同于单击【开始】按钮，然后在开始菜单中单击【关机】按钮。

2.1.3 编辑键区

编辑键区是位于主键盘区与数字键区中间的 13 个按键，包括 9 个编辑键和 4 个方向键，如图 2-7 所示。下面具体介绍编辑键区的有关知识。

- 【Printer Screen SysRq】键：截屏键，可以将当前显示的内容截取为图片并保存在剪贴板中。
- 【Scroll Lock】键：卷轴锁定键，在 Excel 中可以锁定当前显示的单元格区域。
- 【Pause】键：暂停键，可以暂停当前执行的命令，再次按下即可恢复。
- 【Insert】键：插入键，在 Word 中可以互相转换插入和改写状态。
- 【Home】键：归位键，可以将光标定位在光标所在行的行首。
- 【Page Up】键：上一页键，可以向上翻阅一页。
- 【Delete】键：删除键，可以删除光标所在位置右侧的字符。
- 【End】键：结束键，可以将光标定位在光标所在行的行尾。

图 2-7

- 【Page Down】键：下一页键，可以向下翻阅一页。
- 【↑】上光标键：向上方向键，可以控制光标向上移动。
- 【↓】下光标键：向下方向键，可以控制光标向下移动。
- 【←】左光标键：向左方向键，可以控制光标向左移动。
- 【→】右光标键：向右方向键，可以控制光标向右移动。

2.1.4 数字键区

图 2-8

数字键区又称"九宫键区"，位于键盘右侧的 17 按键，由 0～9 的 10 个数字键、加减乘除 4 个运算键以及小数点键和两个功能键组成，并且按键下方还包含了编辑键的功能，主要用于输入数字和运算数值，如图 2-8 所示。下面介绍数字键区的有关知识。

- 【Num Lock】键：控制数字键区的开关状态，开启时可以输入键区中的数字和小数点，关闭时可以输入键区中的编辑命令和方向命令。
- 【Enter】键：与主键盘区中的【Enter】键基本相同，主要用于在运算结束时显示运算结果。

2.2 键盘的使用方法

键盘是电脑中最重要的输入设备之一，掌握正确的键盘使用方法可以有效减缓眼睛、腰背、关节等身体部位的疲劳。本节将具体介绍键盘的使用方法。

2.2.1　手指的键位分工

在使用键盘时，每个手指都分工控制一部分按键，这种分工又称"键盘指法"。熟练地掌握指法不但可以有效提高打字速度，还能避免手指的多余动作，减缓手指的疲劳。下面具体介绍手指的键位分工。

1．基准键位

掌握基准键位的操作方法是正确使用键盘的关键，基准键位共有 8 个按键，即左手小拇指控制【A】键、左手无名指控制【S】键、左手中指控制【D】键、左手食指控制【F】键、右手食指控制【J】键、右手中指控制【K】键、右手无名指控制【L】键、右手小拇指控制【;】键，其中，【F】键和【J】键上都有凸出的横杠，用于盲打时手指定位，如图 2-9 所示。

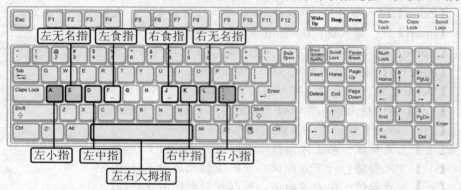

图 2-9

2．指法分区

指法分区主要是针对主键盘区，将主键盘区分成 8 个部分，由 8 个手指分别对应 8 个部分的按键，两个大拇指控制空格键，如图 2-10 所示。

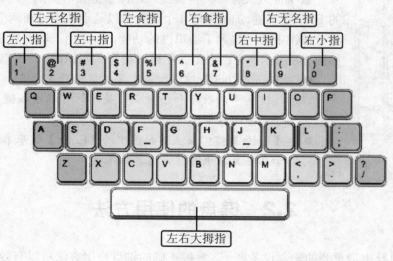

图 2-10

2.2.2 正确的打字姿势

在使用键盘时应当保证正确的打字姿势，这样不但能够提高打字的速度，还能有效减缓疲劳，为身体带来更多舒适，减少各种隐疾的发生。正确的打字姿势主要体现在以下 7 点，如图 2-11 所示。

（1）屏幕及键盘应该在您的正前方，不应该让脖子及手腕处于倾斜状态。

（2）屏幕的最上方应比水平视线略低，并且屏幕应距离身体最少一个手臂的长度。

（3）坐姿端正，不要半坐半躺。不要让身体坐成角度不正的姿势。

（4）大腿应尽量保持与前手臂平行的姿势。

（5）手、手腕及手肘应保持在一条直线上，任何一点都不该弯曲。

（6）双脚应该轻松平放在地板或脚垫上。

（7）椅座的高度应调到与您的手肘成 90°，而您的手指能够自然放在键盘正上方。

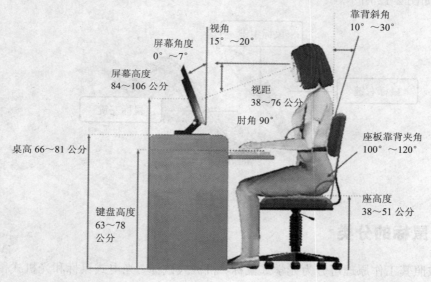

图 2-11

2.2.3 正确的击键方法

掌握正确的键盘指法和正确的打字姿势后，还需要掌握正确的击键方法，这样可以更快地提高打字速度，培养正确良好的打字习惯。

将双手自然地轻放在基准键位上，指关节自然弯曲，指头放在按键中间，手腕平直，尽量不让手掌与桌子接触。击键时要严格按照指法对应的区域进行按键，并且手指指尖垂直轻击按键，不要用力敲击按键或长时间按住按键不放，用力过大可能会造成键盘的损坏，而且手指容易疲劳，长时间按住按键不放会影响打字的准确性。某个手指击键时，其余手指应自然轻松地放在相对应的基准键位上，击键后的手指要迅速返回其对应的基准键位上，准备下一次的击键。击键过程中，身体挺直，重心置于椅子上，两眼平视电脑屏幕，应尽量避免看键盘打字，力求盲打，以提高打字速度。

2.3 初识鼠标

鼠标是重要的输入设备之一，鼠标的使用让电脑操作更加简便快捷， Windows 7 系统中所有的操作基本上都需要使用鼠标来完成，可见鼠标对电脑的重要性。本节将介绍鼠标的外观及分类。

2.3.1 鼠标的外观

鼠标的全称是显示系统纵横位置指示器，因为外形与老鼠非常接近，连接着一条数据线貌似老鼠的尾巴，所以得名"鼠标"。鼠标的按键数量有 2 个、3 个、5 个甚至更多，那些按键数量多的鼠标基本上都是专门为一些特殊的工作领域而设计的，一般使用最为广泛的是 3 键鼠标，如图 2-12 所示。

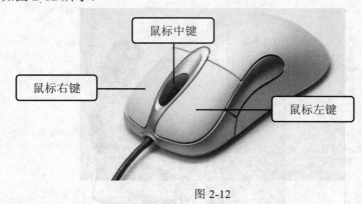

鼠标中键

鼠标右键

鼠标左键

图 2-12

2.3.2 鼠标的分类

鼠标按照其工作原理可分为光学式鼠标、机械式鼠标、光电式鼠标和光机式鼠标，下面介绍各类鼠标的特点及工作原理。

- 光学式鼠标：这类鼠标的可靠性和精确度比较高，使用时需要一块专用的反射板，但这类鼠标的分标率不易提高，所以家庭电脑用户几乎没有选择这类鼠标的。
- 机械式鼠标：这类鼠标主要由滚球、辊柱和光栅信号传感器组成。使用时通过滚球的移动带动辊柱转动，再通过光栅信号传感器产生脉冲信号传输给电脑程序，经过电脑程序的运算和转换控制屏幕上的光标移动。这类鼠标灵敏度低、磨损大，所以基本已经被淘汰。
- 光电式鼠标：这类鼠标使用时通过检测鼠标器的位移，将位移信号转换为电脉冲信号，再通过程序的处理和转换来控制屏幕上光标箭头的移动。但是这类鼠标用光电传感器代替了滚球，并且传感器需要特制的、带有条纹或点状图案的垫板配合使用。
- 光机式鼠标：这类鼠标属于光电式和机械式相结合的鼠标。光机式鼠标采用了与纯机械式鼠标不同的编码器，并使用了一个滚球靠在两个转轴上。

2.4 鼠标的使用方法

鼠标是电脑的重要输入设备之一，电脑中大部分的操作命令都需要鼠标才能完成，所以懂得鼠标的使用方法是熟练应用电脑的前提条件，也是必须掌握的技能之一。本节将具体介绍鼠标的使用方法。

2.4.1 正确把握鼠标的方法

使用电脑时，正确的坐姿、正确的键盘使用方法和正确把握鼠标方法都是必须掌握的，正确把握鼠标不仅能提高操作时的灵活性，还可以减少手指及手腕的疲劳。下面介绍正确把握鼠标的方法。

以三键鼠标为例，右手食指和中指分别自然放置在鼠标的左键和右键上，大拇指自然横放在鼠标的左侧，无名指和小指自然放置在鼠标的右侧，大拇指和小指轻握住鼠标，掌心轻轻贴住鼠标的后部，手腕自然垂放在桌面上，操作时右手放松，通过手腕的力量带动鼠标移动，需要使用鼠标中间的滚轮时，用中指控制上下滑动即可，如图 2-13 所示。

图 2-13

2.4.2 鼠标的基本操作

通过鼠标可以完成不同的操作，如单击、双击、右击和拖动等基本操作。下面将介绍鼠标的基本操作。

1. 单击

单击是用食指按下鼠标左键，然后快速松开，常用于选定图标，如图 2-14 所示。

图 2-14

2. 双击

双击是用食指快速按下鼠标左键两次，常用于打开窗口，如图 2-15 所示。

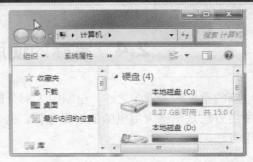

图 2-15

3. 右击

右击是中指按下鼠标右键后快速松开，常用于弹出图标的快捷菜单，如图 2-16 所示。

4. 拖动

拖动是食指按住鼠标左键然后移动，常用于将图标移动到其他位置，如图 2-17 所示。

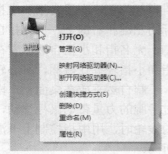

图 2-16

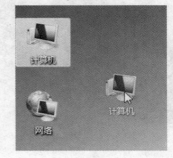

图 2-17

Chapter >> 3

Windows 7 基础操作入门

本 章 要 点

- 初步使用 Windows 7
- Windows 7 窗口
- 菜单和对话框

本章主要内容

本章将主要介绍认识与使用 Windows 7 工作界面方面的知识与技巧，同时还将讲解如何使用菜单和对话框。在本章的最后还针对实际的工作需求，讲解了使用菜单的实践操作。通过本章的学习，读者可以掌握 Windows 7 基础操作方面的知识，为深入学习 Windows 7 知识奠定基础。

3.1　初步使用 Windows 7

启动 Windows 7 操作系统后，应该先学习初步使用 Windows 7 操作系统方面的知识。初步使用 Windows 7 操作系统包括认识桌面和认识开始菜单，下面分别进行介绍。

3.1.1　桌面

登录 Windows 7 操作系统后，出现在屏幕上的整个区域称为"系统桌面"，也可以简称为"桌面"。下面介绍 Windows 7 桌面中的各个组成部分，如图 3-1 所示。

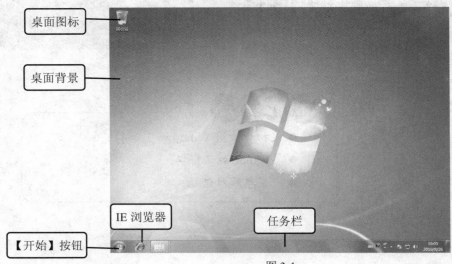

图 3-1

- 桌面图标：Windows 7 操作系统默认的桌面图标只有一个，那就是"回收站"图标。用户也可以在桌面中添加其他图标，如"计算机"图标、"控制面板"图标、快捷图标等，这些桌面图标在桌上的布局也可以自行调整。在 Windows 7 操作系统中，除"回收站"图标外，其他的桌面图标都可以被删除。

- 桌面背景：又称"墙纸"，它是 Windows 7 桌面的背景图案，系统采用的是 Windows 7 操作系统默认的背景图案，用户也可以自行设置桌面的背景图案。

- 【开始】按钮 ：单击该按钮，弹出的菜单中包括所有程序和桌面图标。

- IE 浏览器：IE 浏览器是微软的新版本 Windows 操作系统的一个组成部分。在旧版的操作系统中，它是独立、免费的。从 Windows 95 OSR2 开始，它被捆绑作为所有新版本的 Windows 操作系统中的默认浏览器。

- 任务栏：任务栏包括【开始】按钮 、任务按钮区 （当前打开的程序）、语言栏（当前输入法语言栏）、系统提示区（包含音量快捷图标、时间快捷图标等）和快速启动区（快速启动区包括 IE 浏览器图标 、库图标 等）。

3.1.2 开始菜单

桌面左下角的【开始】按钮 是 Windows 7 操作系统程序的启动按钮，单击该按钮，弹出【开始】菜单，下面介绍【开始】菜单的主要组成部分，如图 3-2 所示。

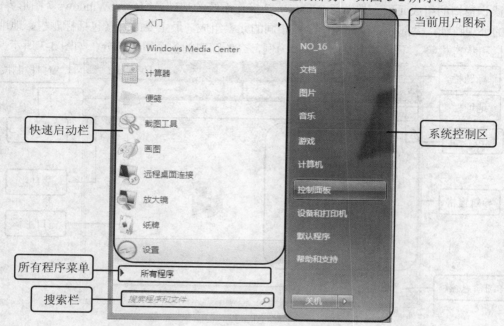

图 3-2

- 快速启动栏：单击快速启动栏中的快捷图标，可以进入到相应的操作页面。在快速启动栏中，有的菜单项右侧有下拉箭头▶，表示该项下面有子菜单，单击该下拉箭头即可查看子菜单项。
- 当前用户图标：双击【当前用户图标】按钮，可以设置账户密码、更改图片、更改账户名称、更改用户账户控制设置、管理其他账户等。
- 系统控制区：系统控制区是指可以控制系统应用程序的区域，安装 Windows 7 操作系统后，Windows 7 操作系统会自动安装一些应用程序，如游戏软件、设备和打印机驱动程序等。
- 所有程序菜单：所有程序菜单中集合了计算机中的所有程序，单击【所有程序】下拉箭头▶，可以查看所有程序的子菜单项。
- 搜索栏：使用该功能搜索，能够快速地找到计算机上的程序和文件。如果对 Windows 7 操作系统默认的搜索范围不满意，那么可以自行设置搜索范围。

3.2 Windows 7 窗口

与 Windows XP/98 操作系统一样，Windows 7 操作系统也是用"窗口"形式来区分每个程序的工作区域。在 Windows 7 操作系统中，无论是打开磁盘驱动器、文件夹，还是运行应用程序，Windows 7 操作系统都会打开一个窗口，用于执行相应的操作。

3.2.1　窗口的组成

认识窗口的组成元素，是学习 Windows 7 操作系统的基础。窗口是 Windows 7 图形界面最显著的外观特征，大部分窗口都是由一些相同的元素组成，最主要的元素包括标题栏、地址栏、搜索栏和状态栏等。下面以【图片】窗口为例，介绍窗口的各个组成部分，如图 3-3 所示。

图 3-3

- 标题栏：位于窗口的最顶端，不显示任何标题。在标题栏最右端显示窗口控制按钮，通常情况下，可以通过标题栏来移动窗口、改变窗口大小和关闭窗口。
- 窗口控制按钮：包括【最小化】按钮 ─、【最大化】按钮 ▢ 和【关闭】按钮 ✕ 。
- 标准按钮：包括【前进】按钮 ◉ 和【后退】按钮 ◉ 。
- 地址栏：类似于网页中的地址栏，用于显示和输入当前窗口的地址，可以单击右侧的下拉箭头 ▾ ，在弹出的下拉菜单中选择准备浏览的路径。
- 搜索栏：能够快速找到计算机中需要的信息。如果对 Windows 7 操作系统默认的搜索范围不满意，也可以自行设置搜索范围。
- 工具栏：位于地址栏的下方，包括【显示预览窗格】按钮 ▢ 和【获取帮助】按钮 ◉ 等。
- 导航窗格：位于窗口的左侧，会显示一些辅助信息，同时也提供了文件夹列表，方便用户迅速定位所需的目标。
- 窗口主体：用于显示地址栏中关键字的内容，如多个不同的文件夹、磁盘驱动等，是窗口最重要的部分。
- 详细信息窗格：用于显示当前操作的状态以及信息提示，或者显示选定对象的详细信息。

3.2.2　窗口的基本操作

窗口的基本操作包括最大化窗口、最小化窗口、排列窗口、移动窗口、调整窗口大小和关闭窗口。

1．最大化窗口

如果对小窗口工作界面不满意，那么可以将窗口最大化。

第1步　单击窗口标题栏右侧的【最大化】按钮 ，如图 3-4 所示。

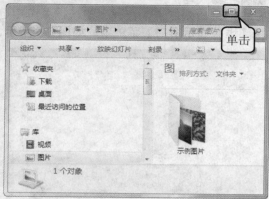

图 3-4

第2步　即可将窗口最大化，如图 3-5 所示。

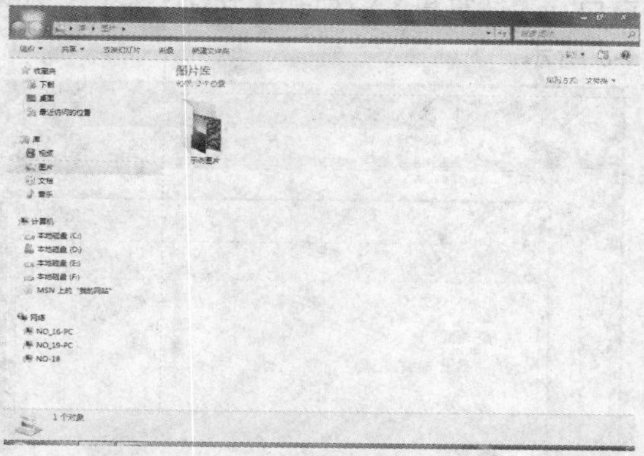

图 3-5

2．最小化窗口

如果对大窗口的工作界面不满意，也可以将窗口最小化。

第1步　单击窗口标题栏右侧的【最小化】按钮 ，如图 3-6 所示。

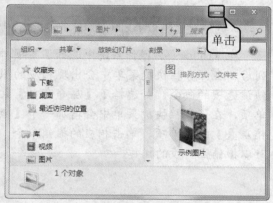

图 3-6

第2步　即可将窗口最小化，如图 3-7 所示。

图 3-7

◆ **知识拓展**

把鼠标指针移至【图片】窗口中的标题栏上右击，在弹出的快捷菜单中选择【最小化】菜单项，也可以将窗口最小化。

3．排列窗口

如果用户打开了多个窗口，并且需要多个窗口全部处于显示状态，那么可以对窗口进行排列。下面以"堆叠显示窗口"为例，讲解排列窗口的操作步骤。

第1步 任意打开几个窗口，如打开【图片】窗口、【计算机】窗口和【文档】窗口，如图3-8所示。

第2步 在 Windows 7 操作系统桌面任务栏中的空白处右击，在弹出的快捷菜单中选择【堆叠显示窗口】菜单项，如图3-9所示。

图 3-8

图 3-9

第3步 通过以上操作，即可排列打开的3个窗口，如图3-10所示。

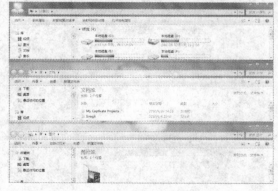

图 3-10

智慧锦囊

在 Windows 7 操作系统中选择了某项排列后，在任务栏快捷菜单中会出现相应的撤销该选项的命令，如选择了【层叠窗口】菜单项，在任务栏快捷菜单中会增加一个【撤销层叠】的菜单项，单击相应的撤销命令，可以撤销上一步的操作。

◆ **知识拓展**

在打开 Windows 7 窗口之后，把鼠标指针移动至窗口的标题栏中，按住鼠标左键并拖动，即可移动窗口。

单击窗口标题栏右侧的【关闭】按钮 ，可以关闭窗口。

4．调整窗口大小

如果窗口中的部分内容因窗口小而无法查看或者对窗口的布局不满意，那么可以通过调整窗口的大小来改善局面。

第1步 打开任意一个窗口，如打开【计算机】窗口，如图 3-11 所示。

第2步 把鼠标指针移至窗口的边缘，此时指针变为双箭头，按住鼠标左键并拖动，如图 3-12 所示。

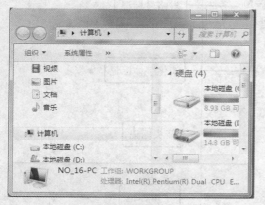

图 3-11

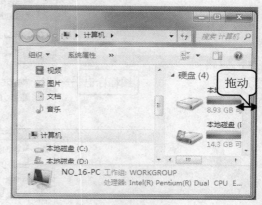

图 3-12

第3步 松开鼠标即可调整窗口大小，如图 3-13 所示。

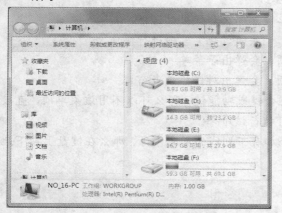

图 3-13

智慧锦囊

把鼠标指针分别移动至窗口的上下边缘、左右边缘和对角线边缘，当鼠标指针变为 ↕、↔、↖ 和 ↗ 状态时，按住鼠标左键并拖动，可以分别调整窗口高度、宽度，或同时调整窗口的宽度和高度。

3.3 菜单和对话框

在各个窗口中，Windows 7 操作系统分门别类地把各个命令集合在菜单中，一个菜单包括多个菜单项，单击任何一个菜单项，可以进入到相应的操作页面。对话框是指有交互的参数设置框且在标题栏中只带有【关闭】按钮 ✕ 的界面，对话框不可以改变大小。

3.3.1 菜单标记

菜单标记是在菜单中显示不同标记的菜单项，下面详细介绍菜单标记的组成部分，如图 3-14 所示。

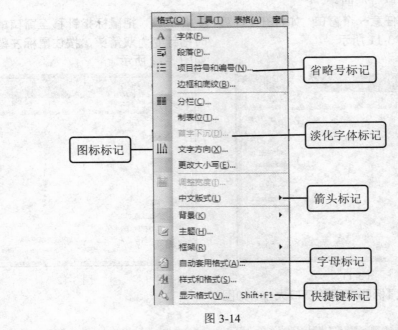

图 3-14

- 省略号标记：如果选择该标记的菜单项，那么会弹出对话框。
- 淡化字体标记：表示在当前状态下，无法通过此菜单项进行操作。
- 箭头标记：选择带有该标记的菜单项，会弹出子菜单。
- 图标标记：选择带有该标记的菜单项，会弹出对话框或者窗口。
- 快捷键标记：菜单项名称后如果有组合键或功能键，那么可以不用该菜单项，直接在键盘上按下组合键或功能键，即可执行该命令。
- 字母标记：菜单项名称后如果有一个加有下划线的英文字母，那么在键盘上按下此字母键，即可执行该命令。

3.3.2 对话框

对话框中包括文本框、列表框、下拉列表框、复选框、单选钮、命令按钮、微调框、选项卡等，下面详细介绍对话框的组成部分。

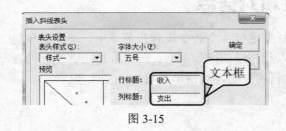

图 3-15

1．文本框

它是对话框中的一个空白框，用户可以输入文字，将鼠标指针移至文本框中单击，就可以输入文字，如图 3-15 所示。

2．列表框

它包含已经展开的列表项，单击准备选择的列表项，即可完成相应的选择操作，如图 3-16 所示。

3．下拉列表框

它与列表框类似，单击下拉箭头 ▼ ，可以展开下拉列表框，查看下拉列表项，如图 3-17 所示。

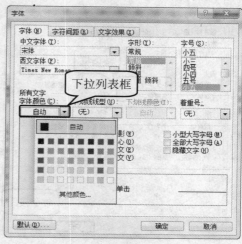

图 3-16   图 3-17

4．复选框、单选框

复选框可以同时选择多个选项，而单选框只能选中一项，是图形界面上的一种控件。用户选择复选框或单选框，即可完成相应的选择操作，如图 3-18 所示。

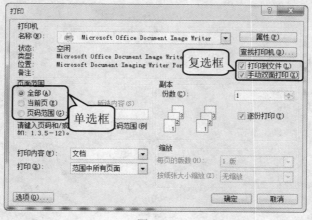

图 3-18

5．命令按钮

命令按钮的外形为一个矩形，在矩形上面有该命令按钮的名称，单击命令按钮即可完成相关的操作，如图 3-19 所示。

6．微调框

单击微调框右侧的上、下箭头 ，可以调整数值的大小，如图 3-19 所示。

7. 选项卡

它是设置选项的模块，每个选项卡代表一个活动的区域，单击准备选择的选项卡，可以完成相关的操作，如图 3-20 所示。

图 3-19   图 3-20

Chapter >> 4

轻松输入汉字

本章主要内容

　　本章将主要介绍汉字输入法的有关知识，包括输入法的添加、删除等设置，以及如何使用微软拼音输入法和五笔字型输入法输入汉字及词组，并针对各个知识点的操作方法和步骤进行了详细的讲解。通过本章的学习，读者可以初步了解有关输入法的知识，并且学会使用输入法输入汉字，为深入学习电脑知识奠定基础。

4.1 汉字输入法的分类

输入法是指为了将各种符号输入计算机而采用的编码方法。汉字输入的编码方法基本上都是采用将音、形、义与特定的键相联系，再根据不同汉字进行组合来完成输入。汉字输入法可分为 3 类，分别为音码、形码和音形码。本节将介绍有关汉字输入法的知识。

4.1.1 音码

音码类输入法是指以汉字的读音为基准对汉字进行编码，是根据汉字的读音属性而研发的输入法。音码类输入法不需要特殊记忆，符合人的思维习惯，只要会拼音就可以输入汉字。

音码类输入法具有简单、易学、需要记忆的编辑信息量较少等优点，但缺点也很明显，同音字太多、重码率高、输入效率低，难于处理不知道读音的生僻汉字。因此，音码类输入法只适合普通的电脑用户，并不适合专业打字用户。

目前，比较常用的音码类输入法有智能 ABC 拼音输入法、微软拼音输入法和拼音加加输入法等。

4.1.2 形码

形码类输入法是指根据汉字的笔画和部首等字形信息，对汉字进行分割、分类并定义键盘的表示法后形成的汉字编码方法。形码输入法将字根或笔画规定为基本的输入编码，再由这些编码组合成汉字。

形码类输入法具有重码率低、输入效率高，即使不知道汉字的读音，也可以输入汉字等优点。但该类输入法需要记忆大量的编码规则、拆字方法和原则，因此相对来说学习和掌握的难度较大。

目前，比较常见的形码类输入法有五笔字型输入法等。

4.1.3 音形码

音形码类输入法即结合音码、形码编码原理形成的一种输入方法，是吸取音码简单易学和形码录入速度快等优点，将音码和形码结合起来而研发的一种输入法。音形码兼容了五笔字型输入法和拼音输入法，并且对两种输入法进行了适当的调整。

音形码类输入法具有输入效率与准确性高和不需要专门培训等优点，适合对打字速度有些要求的非专业打字人员使用，如作家和记者等。

目前，较常用的音形码类输入法有自然码等。

4.2 输入法的设置与切换

用户可根据使用习惯对系统中的输入法进行添加和删除，当输入文本时，用户可以切换至自己最擅长使用的输入法进行输入。

4.2.1 添加输入法

用户准备使用输入法输入文本时，如果发现语言栏中没有准备使用的输入法，可以根据需要自行添加。下面以添加"紫光华宇拼音输入法"为例，介绍添加输入法的操作方法。

第1步 在系统桌面上右击【输入法】图标 ，在弹出的快捷菜单中选择【设置】菜单项，如图 4-1 所示。

第2步 在打开的【文本服务和输入语言】对话框中，单击【常规】选项卡，在【已安装的服务】区域中单击【添加】按钮，如图 4-2 所示。

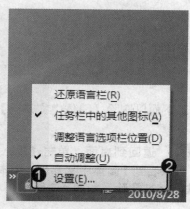

图 4-1

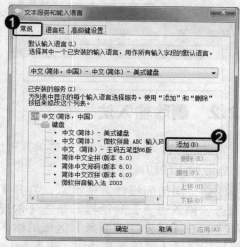

图 4-2

第3步 在打开的【添加输入语言】对话框中，选择【使用下面的复选框选择要添加的语言】列表框中的【中文-紫光华宇拼音输入法 V6】列表项，单击【确定】按钮，如图 4-3 所示。

第4步 返回到【文本服务和输入语言】对话框，单击【确定】按钮，如图 4-4 所示。

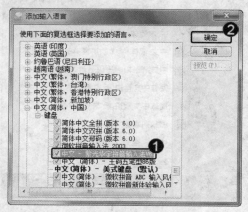

图 4-3

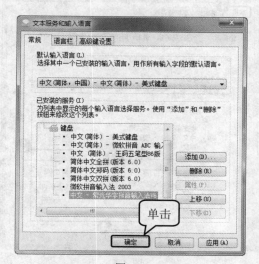

图 4-4

第5步 返回到桌面，单击【输入法】图标，可以看到【中文-紫光华宇拼音输入法V6】输入法已经被添加到输入法列表中，如图 4-5 所示。

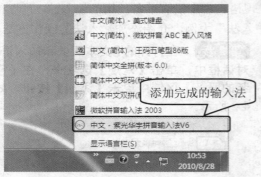

图 4-5

现在网络上有很多可以免费下载使用的输入法，如【搜狗】、【拼音加加】、【万能五笔】等。使用电脑时，如果用户对系统中默认安装的几种汉字输入法不满意或使用时感觉不便，那么可以依据自己的习惯和喜好从网络上自行下载、安装和使用其他输入法。

4.2.2 删除输入法

如果某种输入法不准备再次使用，可以将其删除。下面以删除【简体中文郑码】为例，介绍删除输入法的操作方法。

第1步 同前面操作方法类似，打开【文本服务和输入语言】对话框，单击【常规】选项卡，在【已安装的服务】区域的输入法列表框中选择【简体中文郑码（版本 6.0）】列表项，单击【删除】按钮，然后单击【确定】按钮，如图 4-6 所示。

第2步 返回到桌面，单击【输入法】图标，可以看到【简体中文郑码（版本 6.0）】输入法已经被删除，如图 4-7 所示。

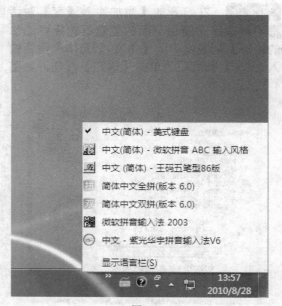

图 4-6

图 4-7

4.2.3　选择输入法

　　如果准备向电脑中输入文本,选择个人熟悉且习惯的输入法可以更好、更快地完成输入工作。下面以选择"微软拼音输入法 2003"为例,介绍选择输入法的操作方法。

第1步　打开想要输入字符的文档,在系统桌面上单击【输入法】图标,在弹出的输入法列表中选择准备应用的输入法,如选择【微软拼音输入法 2003】列表项,如图 4-8 所示。

第2步　通过以上操作,在向文本文档中输入字符时使用的就是【微软拼音输入法 2003】,如图 4-9 所示。

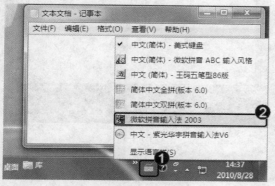

图 4-8

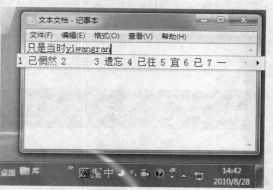

图 4-9

◆　**知识拓展**

　　如果用户非常喜好并且习惯于经常使用一种输入法,可以将其设置为系统默认的输入法,在开机时,系统将自动选择该输入法。除了系统中默认安装的输入法可以设置为默认输入法外,网络上下载的输入法也同样可以设置为系统默认输入法。但应注意的是,设置完成后,需重新启动计算机,这样才能使系统默认输入法的设置生效。

4.3　微软拼音输入法

　　微软拼音输入法是 Windows 系统中自带的一种使用汉语拼音作为汉字录入方式的智能型拼音输入法,简单易学而快速灵活。

4.3.1　全拼输入

　　全拼输入是指将准备输入汉字的汉语拼音字母都输入进去。下面以输入词组"编程"为例,介绍全拼输入的方法。

第1步 打开文本文档，选择输入法为【中文（简体）-微软拼音新体验输入风格】，输入词组"编程"的汉语拼音"biancheng"，在候选窗格中即可显示候选词组，在键盘上按下词组"编程"所在序列号，即数字键【4】，如图 4-10 所示。

第2步 确认选择词组"编程"后，在键盘上按下空格键，即可以全拼输入的方式输入词组"编程"，如图 4-11 所示。

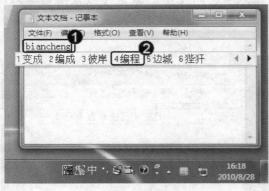

图 4-10

图 4-11

4.3.2 简拼输入

简拼输入法又称首字母输入法，是指在输入汉字的时候，输入准备输入汉字的汉语拼音首字母。使用简拼输入法可以减少输入的拼音数量，节省输入汉字的时间，提高打字的速度。下面以使用简拼方式输入"完美"为例，介绍使用简拼输入汉字的方法。

第1步 打开文本文档，选择输入法为【中文（简体）-微软拼音新体验输入风格】，输入词组"完美"的汉语拼音首字母"wm"，在候选窗格中即可显示候选词组，在键盘上按下词组"完美"所在的序列号，即数字键【2】，如图 4-12 所示。

第2步 确认选择词组"完美"后，在键盘上按下空格键，即可以简拼输入的方式输入词组"完美"，如图 4-13 所示。

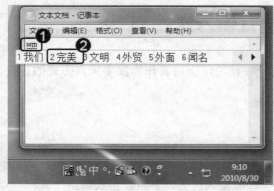

图 4-12

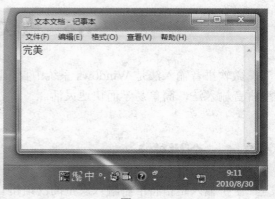

图 4-13

4.3.3　混拼输入

　　混拼输入法适用于输入词组，其输入的规则是，如果准备输入某个词组，词组中的某个字使用全拼输入，其他的字使用简拼输入。下面以输入词组"艰苦奋斗"为例，介绍使用混拼输入法输入汉字的方法。

第1步　打开文本文档，选择输入法为【中文（简体）-微软拼音新体验输入风格】，使用混拼输入法输入词组"艰苦奋斗"的汉语拼音，如"jiankfd"，在候选窗格中显示候选词组，在键盘上按下词组"艰苦奋斗"所在的序列号，即数字键【1】，如图 4-14 所示。

第2步　确认选择词组"艰苦奋斗"后，在键盘上按下空格键，即可以混拼输入的方式输入词组"艰苦奋斗"，如图 4-15 所示。

图 4-14

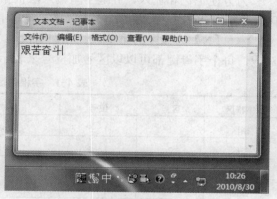

图 4-15

4.4　五笔输入法

　　五笔输入法是五笔字型输入法的简称，是专为方便中文输入而研究发明的一种输入法。由于五笔输入法依据汉字的字形特征和书写习惯，采用字根输入方案，因此具有重码少、词汇量大、输入速度快等特点。

4.4.1　认识字根

　　学习五笔字型输入法首先要认识字根。字根是构成汉字最重要、最基本的单位，由若干笔画交叉连接而形成的相对不变的结构称之为字根。

　　用五笔字型正确输入汉字的难点是要记住五笔字型的字根和它们的编码，字根掌握熟练，使用五笔输入法时就可以快速、准确地输入汉字，熟记字根及其编码是学习五笔字型的关键所在。五笔汉字编码的原理是把汉字拆分成字根，并把它们按一定的规律分配在键盘上，如图 4-16 所示。

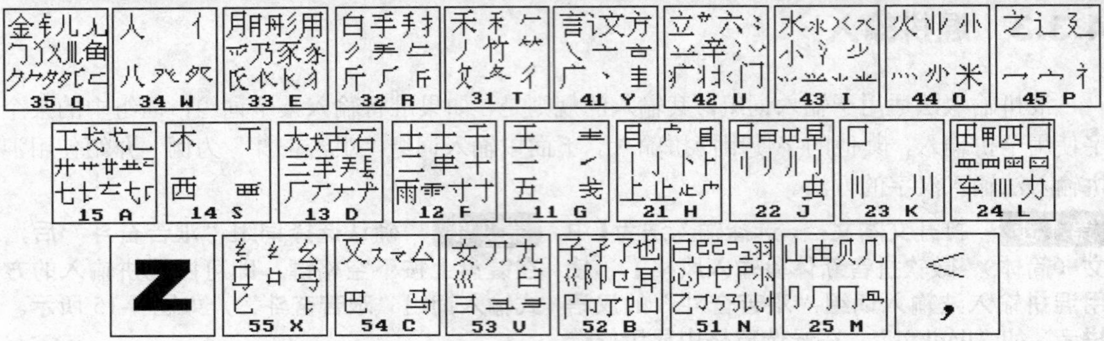

图 4-16

为方便记忆和输入，五笔字型输入法依据五种笔画将键盘上的【A】~【Y】键分成 5 个区，分别用代码 1、2、3、4、5 作为区号，其中每个区的首个英文字母【G】、【H】、【T】、【Y】、【N】为该区的第 1 位，分别用代码 1、2、3、4、5 表示位号，其余按键依次逐个对应，每个字母键都可以以区号加位号来表示，如表 4-1 所示。

表 4-1　字根的键位分布及区位号

字根区	区号	位号	字母键	区位号
横区	1	1~5	G、F、D、S、A	11~15
竖区	2	1~5	H、J、K、L、M	21~25
撇区	3	1~5	T、R、E、W、Q	31~35
捺区	4	1~5	Y、U、I、O、P	41~45
折区	5	1~5	N、B、V、C、X	51~55

为了帮助使用五笔字型输入法的用户熟记字根，五笔字型输入法的研发者王永民教授运用谐音和象形等手法编写了 25 句五笔字根口诀，如表 4-2 所示。

表 4-2　五笔字根口诀

区	区位号	字母键	记忆口诀
横区	11	G	王旁青头戋（兼）五一
	12	F	土士二干十寸雨
	13	D	大犬三羊（羊）古石厂
	14	S	木丁西
	15	A	工戈草头右框七
竖区	21	H	目具上止卜虎皮
	22	J	日早两竖与虫依
	23	K	口与川，字根稀
	24	L	田甲方框四车力
	25	M	山由贝，下框几
撇区	31	T	禾竹一撇双人立，反文条头共三一
	32	R	白手看头三二斤

续表

区	区位号	字母键	记忆口诀
撇区	33	E	月彡（衫）乃用家衣底
	34	W	人和八，三四里
	35	Q	金（钅）勹缺点无尾鱼，犬旁留儿一点夕，氏无七（妻）
捺区	41	Y	言文方广在四一，高头一捺谁人去
	42	U	立辛两点六门疒（病）
	43	I	水旁兴头小倒立
	44	O	火业头，四点米
	45	P	之字军盖建道底，摘礻（示）衤（衣）
折区	51	N	已半巳满不出己，左框折尸心和羽
	52	B	子耳了也框向上
	53	V	女刀九臼山朝西
	54	C	又巴马，丢矢矣
	55	X	慈母无心弓和匕，幼无力

◆ **知识拓展**

 　　五笔字型输入法的字根键只使用了【A】～【Y】25 个英文字按键，【Z】键在五笔字型输入法中作为特殊的"学习键"。如果对键盘上的字根不熟悉，或者难以确定某个汉字的拆分方法，就用【Z】键来代替未知的那一部分，这为五笔输入法的用户带来了极大的方便。

4.4.2　输入汉字

　　使用五笔字型输入法，无论多复杂的汉字，按下键盘上的 4 个字母键即可完成输入一个汉字的操作，而且五笔字型输入法还设计了很多减少击键次数的输入方案，如一级简码、键名汉字和普通汉字，本节将介绍相关知识。

1．输入一级简码汉字

　　五笔字型编码方案挑选了汉字中使用频率最高的 25 个汉字，分布在键盘的 25 个字母键上，一级简码的输入方法是按下简码所在的字母键再按一下空格键即可，如图 4-17 所示。

图 4-17

2. 输入键名汉字

键名汉字是指五笔字型字根表中，每个键位上的第一个字根。键名汉字的输入方法为连续按下 4 次键名汉字所在的键位，如表 4-3 所示。

表 4-3　键名汉字

键名汉字	编码	键名汉字	编码	键名汉字	编码
金	QQQQ	人	WWWW	月	EEEE
白	RRRR	禾	TTTT	言	YYYY
立	UUUU	水	IIII	火	OOOO
之	PPPP	工	AAAA	木	SSSS
大	DDDD	土	FFFF	王	GGGG
目	HHHH	日	JJJJ	口	KKKK
田	LLLL	纟	XXXX	又	CCCC
女	VVVV	子	BBBB	已	NNNN
山	MMMM				

3. 输入普通汉字

多数汉字在输入时需要用户熟记字根和拆字方法，并依次按下键盘上的按键输入。下面以输入汉字"特"为例，介绍使用五笔字型输入法输入普通汉字的操作方法。

第 1 步　打开文本文档，选择【中文（简体）-王码五笔 96 版】输入法，在键盘上输入"特"字的字根所在的键，即输入"trf"，在候选窗格中即可显示候选汉字。在键盘上按下"特"字所在的序列号，即数字键【1】，如图 4-18 所示。

第 2 步　通过以上操作，即可使用【中文（简体）-王码五笔 96 版】输入法输入汉字"特"，如图 4-19 所示。

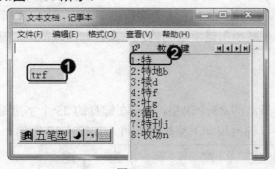

图 4-18

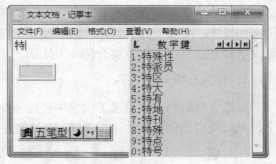

图 4-19

Chapter > > 5

管理电脑中的资料

本章要点

- 初识文件和文件夹
- 浏览与查看文件和文件夹
- 新建与复制文件和文件夹
- 安全使用文件和文件夹

本章主要内容

　　本章将主要介绍浏览文件和文件夹、设置文件和文件夹显示方式，以及认识与使用文件和文件夹方面的知识与技巧，同时还将讲解如何隐藏、加密文件和文件夹。通过本章的学习，读者可以掌握文件和文件夹方面的知识，为深入学习 Windows 7 操作系统知识奠定基础。

5.1 初识文件和文件夹

电脑中的资料以文件和文件夹的形式被保存起来，而文件和文件夹可以存储在不同的盘符下，掌握文件和文件夹的新建、重命名、复制、移动和删除操作是学好管理文件和文件夹的前提。

5.1.1 磁盘分区和盘符

计算机中存放信息的主要存储设备是硬盘，但是硬盘不能直接使用，必须对硬盘进行分割，分割成的硬盘区域就是磁盘分区。盘符是 Windows 系统对于磁盘存储设备的标识符，一般使用 26 个英文字符加上一个冒号 ":" 来标识，如在【计算机】窗口中，把硬盘划分成 4 个磁盘分区，分别是本地磁盘（C:）、本地磁盘（D:）、本地磁盘（E:）和本地磁盘（F:），如图 5-1 所示。

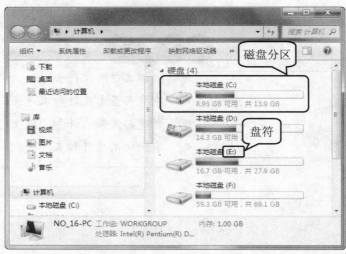

图 5-1

5.1.2 文件

计算机文件是以计算机硬盘为载体存储在计算机上的信息集合，可以是文本文档、图片、程序等，通常由三个字母的文件扩展名、文件名称、文件图标组成，如图 5-2 所示。

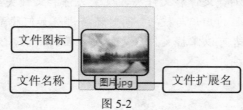

图 5-2

5.1.3 文件夹

文件夹是用于存放文件或下一级子文件夹的容器，由文件夹名称和文件夹图标组成，如图 5-3 所示。在 Windows 7 操作系统中，双击某个文件夹，即可打开该文件夹并查看所有文件和子文件夹。

图 5-3

5.2 浏览与查看文件和文件夹

通常情况下，电脑中的资料都以文件和文件夹的形式被组织在一起。在管理电脑中的文件和文件夹之前，应该学会浏览与查看文件和文件夹。

5.2.1 浏览文件和文件夹

在 Windows 7 操作系统中，提供了很多不同的方法浏览文件和文件夹，如可以通过【计算机】窗口和【Windows 资源管理器】窗口浏览文件和文件夹。

1．通过【计算机】窗口浏览文件和文件夹

在【计算机】窗口中，通过单击窗口左侧导航窗格中的链接，可以快速浏览文件和文件夹。下面以浏览本地磁盘（D:）中的【资料】文件夹为例，讲解通过【计算机】窗口浏览文件和文件夹的方法。

第 1 步 单击【开始】按钮，在弹出的菜单中选择【计算机】菜单项，如图 5-4 所示。

第 2 步 在打开的【计算机】窗口的导航窗格中单击【本地磁盘（D:）】链接项，如图 5-5 所示。

图 5-4

图 5-5

第3步 双击右侧区域中的【资料】文件夹，如图 5-6 所示。

第4步 通过以上操作，即可浏览文件和文件夹，如图 5-7 所示。

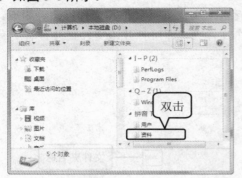

图 5-6

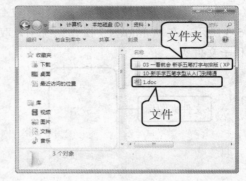

图 5-7

2. 通过【资源管理器】窗口浏览文件和文件夹

单击【所有程序】下拉菜单中的【附件】菜单项，可以启动【资源管理器】窗口。下面以浏览本地磁盘（D:）中的【资料】文件夹为例，讲解通过【资源管理器】窗口浏览文件和文件夹的方法。

第1步 单击【开始】按钮，在弹出的菜单中选择【所有程序】菜单项，如图 5-8 所示。

第2步 单击【桌面小工具库】菜单项，然后选择【附件】文件夹，如图 5-9 所示。

图 5-8

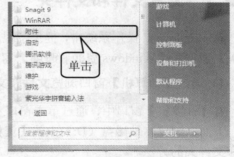

图 5-9

第3步 单击【Windows 资源管理器】菜单项，如图 5-10 所示。

第4步 在打开的【资源管理器】窗口中，单击导航窗格中的【本地磁盘（D:）】链接项，如图 5-11 所示。

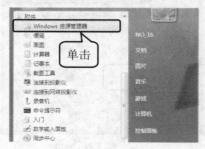

图 5-10

图 5-11

第 5 步　双击右侧区域中的【资料】文件夹，如图 5-12 所示。

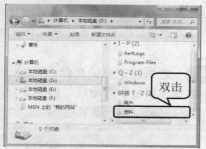

图 5-12

第 6 步　通过以上操作，也可浏览文件和文件夹，如图 5-13 所示。

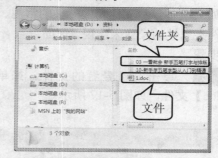

图 5-13

5.2.2　设置文件和文件夹的显示方式

如果对文件和文件夹的显示不满意，那么可以自行设置文件和文件夹的显示方式。下面以平铺文件和文件夹的显示方式为例，介绍设置文件和文件夹显示方式的操作方法。

第 1 步　在已打开的文件和文件夹中，单击任意一个文件或文件夹，如图 5-14 所示。

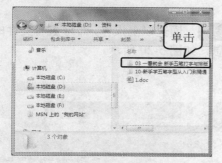

图 5-14

第 2 步　单击窗口工具栏中的【更改视图】下拉箭头，在弹出的下拉菜单项中选择【平铺】菜单项，如图 5-15 所示。

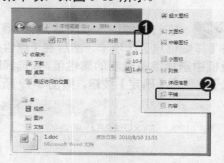

图 5-15

第 3 步　通过以上操作，即可将文件和文件夹的显示方式设置为平铺，如图 5-16 所示。

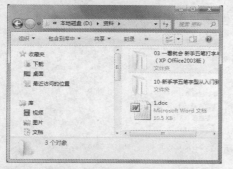

图 5-16

智慧锦囊

单击窗口工具栏中的【更改视图图标】按钮，也可以设置文件和文件夹的显示方式。

5.2.3 查看文件和文件夹的属性

如果准备查看文件和文件夹的常规、安全和以前的版本等详细信息，可以通过查看文件和文件夹属性的操作来实现。下面以查看文件详细信息为例，介绍查看文件和文件夹属性的操作步骤。

第1步 单击准备查看的文件，如单击【1.doc】文件，如图 5-17 所示。

第2步 右击已选择的文件，在弹出的快捷菜单中选择【属性】菜单项，如图 5-18 所示。

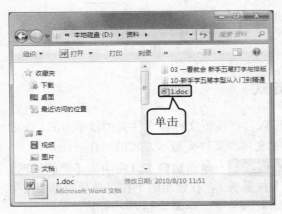

图 5-17

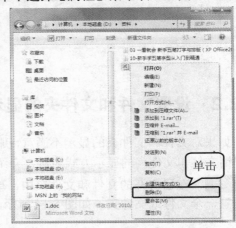

图 5-18

第3步 在打开的【1.doc 属性】对话框中，单击【详细信息】选项卡，然后在【属性值】列表框中选择准备查看的属性值，如选择【版本号】，单击【确定】按钮，如图 5-19 所示。

第4步 通过以上操作，即可查看文件的详细信息，如图 5-20 所示。

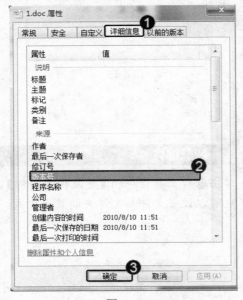

图 5-19

图 5-20

5.3　新建与复制文件和文件夹

5.3.1　新建文件和文件夹

通常电脑中有一部分文件和文件夹是已存在的，如系统文件和文件夹，另一部分文件和文件夹是可以自行新建的，如新建 Word 文档或文本文档、新建画图文件、新建文件夹等。

1. 新建文件

如果准备使用文件，那么首先应该新建文件。下面以在本地磁盘（E:）中新建文本文档文件为例，讲解新建文件的具体方法。

第 1 步　单击【开始】按钮，在弹出的菜单中选择【计算机】菜单项，如图 5-21 所示。

第 2 步　在打开的【计算机】窗口中，单击导航窗格中的【本地磁盘（E:）】链接项，如图 5-22 所示。

图 5-21

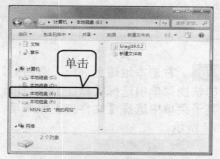

图 5-22

第 3 步　右击本地磁盘（E:）空白处，在弹出的快捷菜单中选择【新建】菜单项，然后在其子菜单中选择【文本文档】菜单项，如图 5-23 所示。

第 4 步　通过以上操作，即可新建一个文本文档文件，如图 5-24 所示。

图 5-23

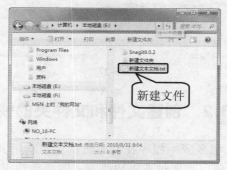

图 5-24

2．新建文件夹

新建文件夹可以在任何一个文件夹窗口中进行，下面以在本地磁盘（E:）中新建文件夹为例，讲解新建文件夹的具体方法。

第1步 单击【开始】按钮，在弹出的菜单中选择【计算机】菜单项，如图 5-25 所示。

第2步 在打开的【计算机】窗口中，单击导航窗格中的【本地磁盘（E:）】链接项，如图 5-26 所示。

图 5-25

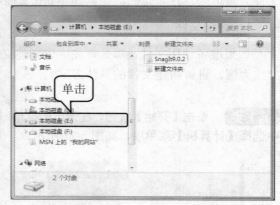

图 5-26

第3步 右击本地磁盘（E:）空白处，在弹出的快捷菜单中选择【新建】菜单项，然后在其子菜单中选择【文件夹】菜单项，如图 5-27 所示。

第4步 通过以上操作，即可新建一个文件夹，如图 5-28 所示。

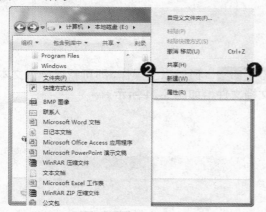

图 5-27

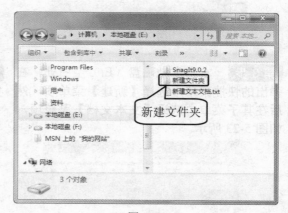

图 5-28

5.3.2 创建文件和文件夹的快捷方式

很多应用程序在安装时都会自动把其快捷方式图标设置在桌面上，当准备使用该程序时，就可以通过双击快捷方式图标启动应用程序。用户同样也可以把一些常用的文件和文件夹的快捷方式添加到桌面上，以方便用户迅速打开文件和文件夹。

1. 拖曳法

第1步 在准备创建快捷方式的文件或文件夹上按住鼠标右键不松开，如图5-29所示。

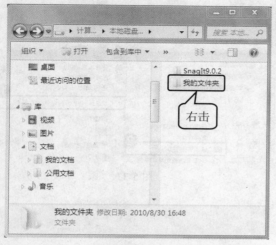

图 5-29

第2步 拖动鼠标指针至桌面上，在弹出的快捷菜单中选择【在当前位置创建快捷方式】菜单项，如图5-30所示。

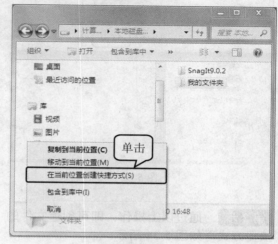

图 5-30

第3步 通过以上操作，即可创建文件夹的快捷方式，如图5-31所示。

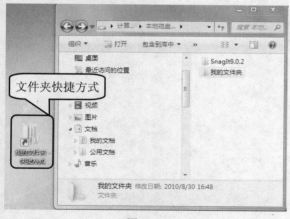

图 5-31

智慧锦囊

在创建的【我的文件夹】快捷方式图标上按住鼠标左键不松开，拖动鼠标，可以移动快捷方式图标的位置。

2. 发送法

第1步 右击准备创建快捷方式的文件或文件夹，如图5-32所示。

第2步 在弹出的快捷菜单中选择【发送到】菜单项，然后在弹出的子菜单中选择【桌面快捷方式】菜单项，如图5-33所示。

图 5-32

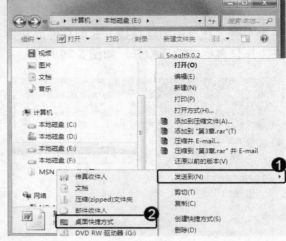

图 5-33

第 3 步 通过以上操作，即可创建文件的
快捷方式，如图 5-34 所示。

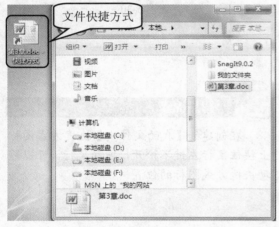

图 5-34

5.3.3 复制文件和文件夹

为避免意外发生，如文件或文件夹感染病毒，有些重要的文件和文件夹应该对其进行备份（复制一份放在其他位置）。

1. 复制文件

在管理文件时，如果担心原有的文件被破坏或丢失，那么可以通过复制文件，把文件放到另一个地方进行备份。下面以复制文件到桌面为例，讲解复制文件的具体操作步骤。

第1步 单击准备复制的文件，如单击【第3章.doc】，然后单击窗口工具栏中的【组织】下拉箭头，在弹出的下拉菜单中选择【复制】菜单项，如图 5-35 所示。

第2步 在准备复制文件的目标位置右击，如在 Windows 7 操作系统桌面空白处右击，在弹出的快捷菜单中选择【粘贴】菜单项，如图 5-36 所示。

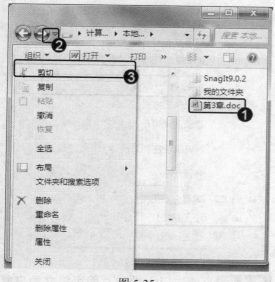

图 5-35

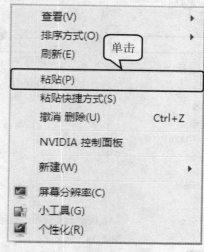

图 5-36

第3步 通过以上操作，即可将文件复制到桌面，如图 5-37 所示。

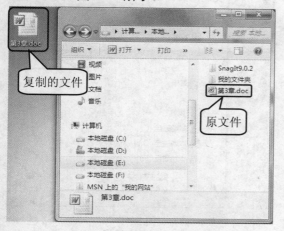

图 5-37

智慧锦囊

选择准备复制的文件，按下组合键【Ctrl】+【C】，再选择准备粘贴文件的目标位置，按下组合键【Ctrl】+【V】，也可将文件复制到目标位置。

2. 复制文件夹

在管理文件夹时，如果担心原有的文件夹被破坏或丢失，那么可以通过复制文件夹的操作，把文件夹放到另一个地方进行备份。

第1步 单击准备复制的文件夹，如单击【我的文件夹】，再单击窗口工具栏中的【组织】下拉箭头，在弹出的下拉菜单中选择【复制】菜单项，如图 5-38 所示。

第2步 在准备复制文件夹的目标位置右击，如在 Windows 7 操作系统桌面空白处右击，在弹出的快捷菜单中选择【粘贴】菜单项，如图 5-39 所示。

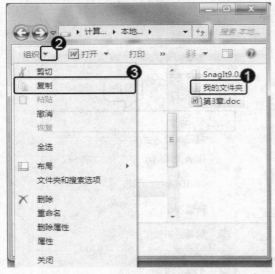

图 5-38

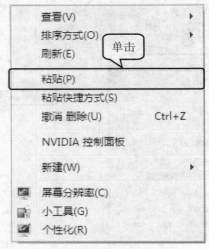

图 5-39

第3步 此时，Windows 7 操作系统桌面出现复制进度工作界面，如图 5-40 所示。

第4步 通过以上操作，即可将文件夹复制到桌面，如图 5-41 所示。

图 5-40

 **智慧锦囊**

如果对正在复制的文件夹不满意，那么可以单击【取消】按钮，撤销复制操作。

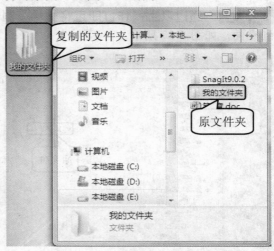

图 5-41

◆ **知识拓展**

 单击已经复制的文件夹，按住鼠标左键不松开，拖动鼠标至准备存放文件夹的目标位置，可以移动文件夹。

5.4 安全使用文件和文件夹

安全使用文件和文件夹包括隐藏文件和文件夹、显示隐藏的文件和文件夹、加密文件和文件夹。

5.4.1 隐藏文件和文件夹

如果电脑中保存了重要的文件和文件夹，那么可以通过隐藏文件和文件夹的操作将其隐藏起来，从而保证文件和文件夹的安全。下面以隐藏本地磁盘（D:）中的【图片】文件夹为例，讲解隐藏文件和文件夹的具体方法。

第1步 单击【开始】按钮，在弹出的菜单中选择【计算机】菜单项，如图 5-42 所示。

第2步 在打开的【计算机】窗口中，单击导航窗格中的【本地磁盘(D:)】链接项，如图 5-43 所示。

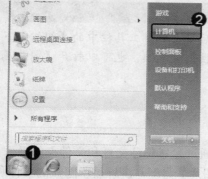

图 5-42

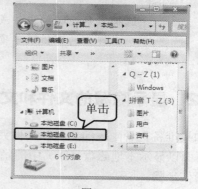

图 5-43

第3步 选择准备隐藏的文件或文件夹，如选择【图片】文件夹，右击已选择的文件夹，在弹出的快捷菜单中选择【属性】菜单项，如图 5-44 所示。

第4步 打开【图片属性】对话框，在【属性】区域中选择【隐藏】复选框，单击【确定】按钮，如图 5-45 所示。

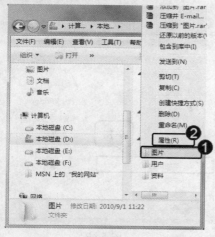

图 5-44

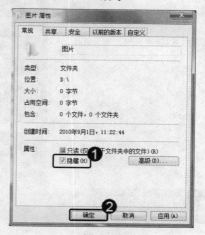

图 5-45

第5步 打开【确认属性更改】对话框，选择【将更改应用于此文件夹、子文件夹和文件】单选框，单击【确定】按钮，如图 5-46 所示。

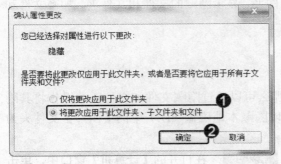

图 5-46

第6步 通过以上操作，即可隐藏文件和文件夹，如图 5-47 所示。

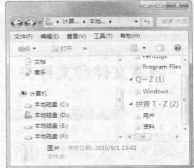

图 5-47

◆ **知识拓展**

选择准备隐藏的文件或文件夹，然后单击窗口工具栏中的【组织】下拉箭头▼，在弹出的下拉菜单项中选择【属性】菜单项，也可以打开【图片属性】对话框。

5.4.2 显示隐藏的文件和文件夹

如果准备查看隐藏的文件和文件夹，那么可以通过显示隐藏文件和文件夹的操作来完成。下面以显示本地磁盘（D:）中的隐藏文件夹【图片】为例，讲解显示隐藏的文件和文件夹的操作步骤。

第1步 单击【开始】按钮，在弹出的菜单中选择【计算机】菜单项，如图 5-48 所示。

图 5-48

第2步 在【计算机】窗口中，单击导航窗格中的【本地磁盘（D:）】链接项，如图 5-49 所示。

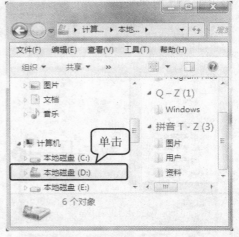

图 5-49

第 3 步 单击窗口工具栏中的【组织】下拉箭头，，在弹出的下拉菜单中选择【文件夹和搜索选项】菜单项，如图 5-50 所示。

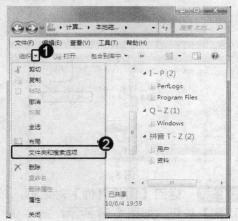

图 5-50

第 5 步 通过以上操作，即可显示隐藏的文件和文件夹，如图 5-52 所示。

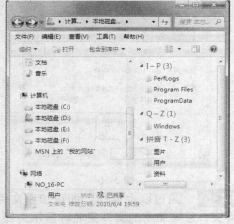

图 5-52

5.4.3 加密文件和文件夹

登录计算机时，可以设置登录密码，文件和文件夹也不例外，Windows 7 操作系统也可以为文件和文件夹加密，从而防止文件和文件夹被查看。下面以加密文件夹为例，讲解加密文件和文件夹的具体操作步骤。

第 1 步 选择准备加密的文件夹，如选择【图片】文件夹，单击窗口工具栏中的【组织】下拉箭头，，在弹出的下拉菜单中选择【属性】菜单项，如图 5-53 所示。

第 4 步 打开【文件夹选项】对话框，单击【查看】选项卡，向下拖动【高级设置】列表框中的垂直滚动条，在【隐藏文件和文件夹】区域中，选择【显示隐藏的文件、文件夹和驱动器】单选框，然后单击【确定】按钮，如图 5-51 所示。

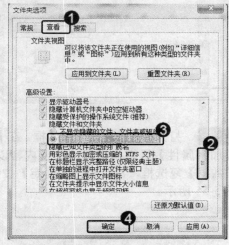

图 5-51

智慧锦囊

在【文件夹选项】对话框中，单击【高级设置】列表框下面的【还原为默认值】按钮，可以恢复 Windows 7 操作系统默认的设置。

在【文件夹选项】对话框中，单击【搜索】选项卡，可以搜索隐藏的文件夹或文件。

第 2 步 打开【图片属性】对话框，单击【属性】区域中的【高级】按钮，如图 5-54 所示。

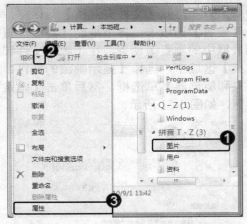

图 5-53

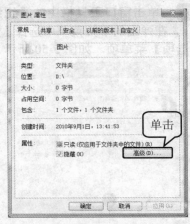

图 5-54

第 3 步 打开【高级属性】对话框，在【压缩或加密属性】区域中选择【加密内容以便保护数据】复选框，然后单击【确定】按钮，如图 5-55 所示。

第 4 步 返回【图片属性】对话框，单击【确定】按钮，如图 5-56 所示。

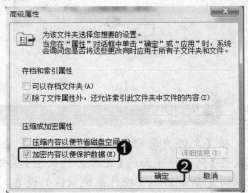

图 5-55

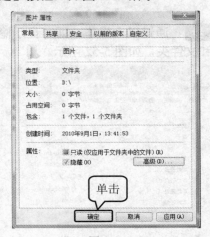

图 5-56

第 5 步 在打开的【确认属性更改】对话框中，选择【将更改应用于此文件夹、子文件夹和文件】单选框，然后单击【确定】按钮，如图 5-57 所示。

第 6 步 通过以上操作，即可加密文件和文件夹，且被加密的文件夹名称显示为绿色，如图 5-58 所示。

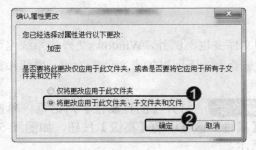

图 5-57

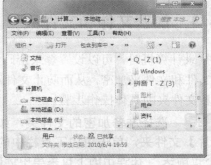

图 5-58

Chapter 6

设置个性化的系统

本 章 要 点

- 设置外观和主题
- 设置桌面图标
- 更改桌面小工具
- 设置任务栏

本章主要内容

　　本章将主要介绍如何设置个性化的系统，包括设置外观和主题、设置桌面图标、更改桌面小工具、设置任务栏方面的知识与技巧，同时还将讲解修改桌面背景、设置显示器分辨率和刷新率、设置桌面小工具效果的方法及步骤。通过本章的学习，读者可以掌握 Windows 7 个性化系统的设置方法及相关知识，为深入学习电脑知识奠定基础。

6.1 设置外观和主题

Windows 7 系统自带了很多精美的桌面背景和主题，用户可以通过【个性化】设置窗口，对 Windows 7 系统的外观进行设置，如更换 Windows 7 的主题、修改桌面背景、选择屏幕保护的样式等。

6.1.1 更换 Windows 7 的主题

Windows 7 系统自带了多个精美的主题供用户选择，用户可以根据自己的喜好对主题进行更换。主题是一套完整的系统外观，其中包括桌面背景、屏幕保护、窗口的颜色、鼠标指针、系统声音、图标等。

第1步 单击【开始】按钮，在弹出的【开始】菜单中选择【控制面板】菜单项，如图 6-1 所示。

第2步 打开【控制面板】窗口，在【调整计算机的设置】区域中，单击【外观和个性化】链接项，如图 6-2 所示。

图 6-1

图 6-2

第3步 在打开的【外观和个性化】窗口中，单击【个性化】链接项，如图 6-3 所示。

第4步 打开【个性化】窗口，在【Aero 主题】区域中，用户可以单击准备使用的主题，如单击【风景】主题，如图 6-4 所示。

图 6-3

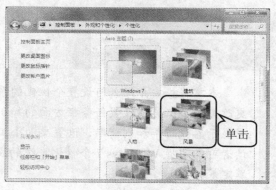

图 6-4

第5步 通过以上操作,即可更换Windows 7的主题,如图6-5所示。

更换后主题中的桌面背景

图 6-5

智慧锦囊

在桌面上右击,在弹出的快捷菜单中选择【个性化】菜单项,同样能够打开【个性化】窗口。在窗口的【Aero 主题】区域中,用户可以通过每个主题的缩略图,查看主题中的图片样式,选择自己喜欢的主题,并且每个主题的桌面背景会以幻灯片的效果显示。

6.1.2 修改桌面背景

在 Windows 7 系统中,用户可以根据自己的喜好对桌面背景进行修改,如将自己喜欢的图片设置成桌面背景、将多个图片设置成桌面背景幻灯片等。

1. 设置系统自带的图片为桌面背景

第1步 在桌面上右击,在弹出的快捷菜单中选择【个性化】菜单项,如图6-6所示。

第2步 打开【个性化】窗口,在窗口下方单击【桌面背景】链接项,如图6-7所示。

图 6-6

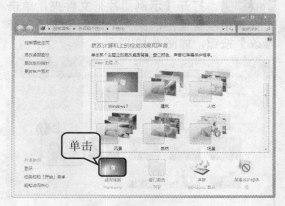

图 6-7

第3步 打开【桌面背景】窗口,选择准备使用的图片,单击【保存修改】按钮,如图6-8所示。

第4步 返回到桌面,可以看到选择的图片已经被设置成桌面背景,如图6-9所示。

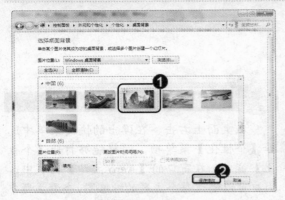

图 6-8

图 6-9

2．设置自定义的图片为桌面背景

第1步 在【桌面背景】窗口中单击【浏览】按钮，如图 6-10 所示。

第2步 打开【浏览文件夹】对话框，选择准备打开的文件夹，如【示例图片】文件夹，单击【确定】按钮，如图 6-11 所示。

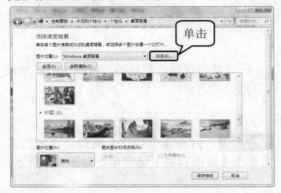

图 6-10

图 6-11

第3步 打开【示例图片】文件夹，单击文件夹中准备使用的图片，然后单击【保存修改】按钮，如图 6-12 所示。

第4步 通过以上操作，用户可以将自定义的图片设置为桌面背景，如图 6-13 所示。

图 6-12

图 6-13

◆ 知识拓展

在 Windows 7 操作系统中，不仅可以设置系统自带的或用户自定义的图片为桌面背景，还可以将两个甚至多个图片设置成桌面背景幻灯片。用户还可以根据自己的需要，单击【图片位置为】下拉按钮，更改图片的显示效果，如填充、拉伸、居中等，还可以单击【更改图片时间间隔】下拉按钮，设置图片显示的时间。

6.1.3 设置屏幕保护程序

屏幕保护是为了防止电脑因无人操作而使显示器长时间显示同一个画面，导致显示器寿命缩短而设计的一种专门保护显示器的程序。Windows 7 操作系统中的屏幕保护程序能大幅度降低屏幕的亮度，起到节能省电的作用。

第1步 在桌面上右击，在弹出的快捷菜单中选择【个性化】菜单项，如图 6-14 所示。

图 6-14

第3步 打开【屏幕保护程序设置】对话框，在【屏幕保护程序】区域中单击下拉按钮，选择准备使用的屏幕保护效果，如【三维文字】，在【等待】微调框中选择需要屏保的时间，如【1 分钟】，设置完成后，单击【确定】按钮，如图 6-16 所示。

图 6-16

第2步 打开【个性化】窗口，单击【屏幕保护程序】链接项，如图 6-15 所示。

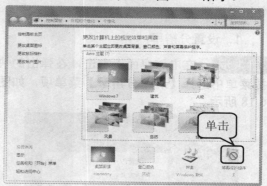

图 6-15

第4步 通过以上操作，屏幕保护效果将在用户设置的屏保时间下显示，如图 6-17 所示。

图 6-17

在【屏幕保护程序设置】对话框中，用户可以单击【预览】按钮，观看当前的屏幕保护效果，还可以通过单击【更改电源设置】链接项，设置屏幕保护后唤醒时需要的密码，以保证电脑的安全性。

6.1.4 设置显示器分辨率和刷新率

分辨率是指单位面积显示像素的数量。液晶显示器的物理分辨率是固定不变的，对于 CRT 显示器而言，只要调整电子束的偏转电压，就可以改变分辨率。当液晶显示器在非标准分辨率下使用时，文本显示效果就会变差，文字的边缘就会被虚化。

刷新率是指电子束对屏幕上的图像重复扫描的次数。刷新率越高，所显示的图像画面稳定性就越好。由于刷新率与分辨率两者相互制约，因此只有在高分辨率下达到高刷新率，这样的显示器才能称其为性能优秀，但是用户需要根据不同的显示器，调节适合显示器的分辨率和刷新率。

1．设置分辨率

第 1 步 在电脑桌面上右击，在弹出的快捷菜单中选择【屏幕分辨率】菜单项，如图 6-18 所示。

第 2 步 打开【屏幕分辨率】窗口，在【分辨率】下拉列表框中选择准备使用的分辨率，如【1024×768（推荐）】，单击【确定】按钮，分辨率设置完成，如图 6-19 所示。

图 6-18

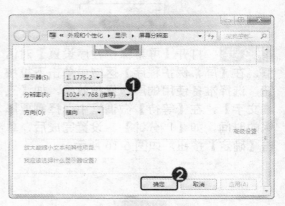

图 6-19

2．设置刷新率

第 1 步 在【屏幕分辨率】窗口中，单击窗口右侧的【高级设置】链接项，或双击【更改显示器的外观】区域中的电脑屏幕，如图 6-20 所示，进行屏幕刷新率的设置。

第 2 步 打开【通用即插即用监视器】对话框，单击【监视器】选项卡，在【屏幕刷新频率】下拉列表框中选择准备使用的刷新率，单击【确定】按钮，刷新率设置完成，如图 6-21 所示。

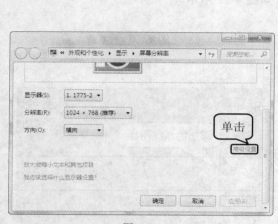

图 6-20

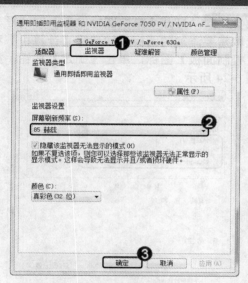

图 6-21

6.2 设置桌面图标

桌面图标是具有明确含义的一系列图形，这些图形的名称就是这个图标内的相关内容，双击每个图标都会打开该图标对应的窗口或程序。用户根据个人需要，可以将一些常用的图标添加到桌面上，也可以对桌面图标进行排列。

6.2.1 添加系统图标

在 Windows 7 系统默认状态下，桌面上只有一个【回收站】系统图标，用户可以自行添加【计算机】、【控制面板】、【用户的文件】和【网络】等系统图标。

第1步 在电脑桌面上右击，在弹出的快捷菜单中选择【个性化】菜单项，如图 6-22 所示。

第2步 打开【个性化】窗口，在【控制面板主页】区域中，单击【更改桌面图标】链接项，如图 6-23 所示。

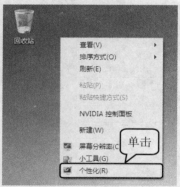

图 6-22

图 6-23

第3步 打开【桌面图标设置】对话框，选取需要添加的图标，如选择【计算机】和【控制面板】图标，单击【确定】按钮，如图 6-24 所示。

第4步 通过以上操作，即可将【计算机】和【控制面板】系统图标添加到电脑桌面上，如图 6-25 所示。

图 6-24

图 6-25

6.2.2 排列桌面图标

图标添加到桌面以后，会无顺序地排放在桌面上，为了保持桌面的整洁和美观，用户可以将桌面图标按照名称、大小、项目类型、修改日期等顺序排列到桌面上，这样既美观又方便用户选择。

第1步 在电脑桌面上右击，从弹出的快捷菜单中选择【排序方式】菜单项，在弹出的子菜单中选择【项目类型】菜单项，如图 6-26 所示。

第2步 通过以上操作，即可将桌面图标以项目类型的顺序排列，如图 6-27 所示。

图 6-26

图 6-27

◆ 知识拓展

用户如果对【名称】、【大小】、【项目类型】和【修改日期】这四种排序方法都不满意，还可以通过拖动图标的方式，自定义排列桌面上的图标，还可以根据个人需要，在【查看】菜单项中选择大、中、小 3 种图标的形式。

6.3 更改桌面小工具

Windows 7 系统为方便广大用户的使用，新增加了一个【桌面小工具】程序，里面包含多个小程序，如日历、时钟、天气、货币、游戏等，这些程序都可以在桌面上显示，不仅增加了桌面的美观度，还为用户带来了很大的方便。本节将具体介绍如何更改桌面小工具。

6.3.1 显示桌面小工具

桌面小工具在 Windows 7 系统的默认状态下都是隐藏的，如果用户准备使用某个小工具，需要将该工具显示到桌面才可使用。

第 1 步 在桌面上右击，在弹出的快捷菜单中选择【个性化】菜单项，如图 6-28 所示。

图 6-28

第 3 步 通过以上操作，即可将时钟小工具显示在桌面上，如图 6-30 所示。

图 6-30

第 2 步 打开【小工具】对话框，双击【时钟】选项，如图 6-29 所示。

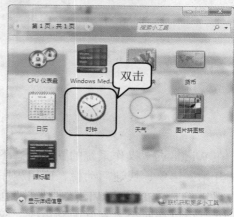

图 6-29

智慧锦囊

用户可以通过单击【小工具】对话框中的【显示详细信息】按钮，查看该工具的名称及作用。如果用户需要使用多个小工具，将需要使用的小工具逐一双击即可显示在桌面上。用户还可以单击【小工具】对话框右下方的【联机获取更多小工具】超链接项，下载更多需要的小工具。

6.3.2 设置桌面小工具的效果

桌面小工具不仅是一个画面精美的桌面小摆设，用户还可以对桌面小工具进行简单的设置，如设置样式、大小、位置、透明度等。

第1步 在时钟小工具上右击，在弹出的快捷菜单中选择【选项】菜单项，如图 6-31 所示。

第2步 打开【时钟】对话框，单击左按钮和右按钮，选择时钟的样式后，单击【确定】按钮，如图 6-32 所示。

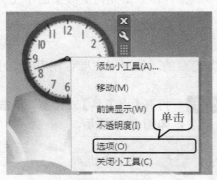

图 6-31

图 6-32

6.4 设置任务栏

在 Windows 7 操作系统的默认状态下，任务栏就是指位于桌面最下方的小长条，主要由【开始】菜单、快速启动栏、应用程序区、语言选项带和通知区域组成。从【开始】菜单中可以打开大部分安装的软件与控制面板，快速启动栏中存放的是常用程序的快捷方式，并且可以按照个人喜好拖动更改。应用程序区是任务栏的主要区域，可以存放正在运行的程序窗口。

6.4.1 自动隐藏任务栏

任务栏中可以存放大量正在运行的程序窗口，而这些窗口有时会影响用户的视觉感或工作进度，用户可以根据需要将任务栏在不使用时进行隐藏。

第1步 在任务栏上右击，在弹出的快捷菜单中选择【属性】菜单项，如图 6-33 所示。

第2步 打开【任务栏和「开始」菜单属性】对话框，在【任务栏】选项卡中选择【自动隐藏任务栏】复选框，然后单击【确定】按钮，如图 6-34 所示。

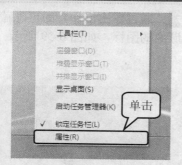

图 6-33

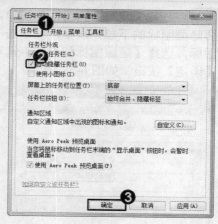

图 6-34

第3步 通过以上操作，即可将任务栏隐藏，如图 6-35 所示，将鼠标指针移动到屏幕最下方可以显示隐藏的任务栏。

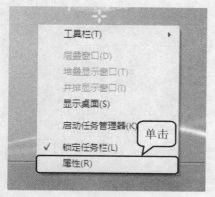

图 6-35

智慧锦囊

在【任务栏和「开始」菜单属性】对话框的【任务栏】选项卡中，通过【屏幕上的任务栏位置】下拉列表框，可以改变任务栏在屏幕上的位置，包括底部、顶部、左侧和右侧 4 个位置。

6.4.2　隐藏通知区域图标

通知区域是通过各种小图标形象地显示电脑软硬件的重要信息，这些小图标可以根据用户的需要进行隐藏。

第1步 在任务栏上右击，在弹出的快捷菜单中选择【属性】菜单项，如图 6-36 所示。

第2步 打开【任务栏和「开始」菜单属性】对话框，单击【任务栏】选项卡，在【通知区域】区域中，单击【自定义】按钮，如图 6-37 所示。

图 6-36

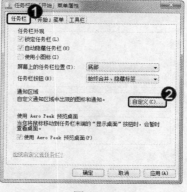

图 6-37

第3步 打开【通知区域图标】窗口，单击需要隐藏图标的下拉列表框，如单击【网络】图标，选择【隐藏图标和通知】选项，单击【确定】按钮，如图 6-38 所示。

第4步 通过以上操作，即可隐藏任务栏通知区域中的图标，如图 6-39 所示。

图 6-38

图 6-39

Chapter >> 7

Windows 7 的常见附件

本章要点

- 写字板
- 计算器
- 画图程序
- Tablet PC 工具

本章主要内容

本章将主要介绍 Windows 7 操作系统中的一些常见附件，包括写字板、计算器和画图工具的使用，还介绍了 Tablet PC 工具的操作方法，在各个知识点后还详细介绍了操作步骤。通过本章的学习，读者可以对 Windows 7 操作系统中的常见附件有一个初步的了解，为深入学习和使用 Windows 7 操作系统奠定基础。

7.1 写字板

写字板是 Windows 7 操作系统自带的使用简单、功能强大的文字处理程序。写字板程序不仅可以进行中英文文档的编辑，还可以在其中输入并设置文字、插入图片和绘图等操作。

7.1.1 输入汉字

写字板是专为用户编辑文档而设计的，打开写字板程序后，选择要使用的汉字输入法就可以在写字板中输入汉字。

第1步 在 Windows 7 操作系统桌面上单击【开始】按钮，在弹出的菜单中选择【所有程序】菜单项，如图 7-1 所示。

第2步 在打开的【所有程序】菜单中选择【附件】菜单项，然后选择其子菜单中的【写字板】程序，如图 7-2 所示。

图 7-1

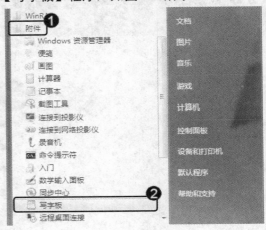

图 7-2

第3步 选择汉字输入法，将需要输入的汉字输入到写字板上，即可在写字板中完成汉字的输入，如图 7-3 所示。

图 7-3

 智慧锦囊

写字板和 Word 程序相同，具有格式控制等功能，而且保存文件的扩展名也是".doc"。写字板支持字体格式等多种文本设置方案，在写字板中输入并选择文字后，单击【主页】选项卡，利用功能区中的功能选项即可设置文字格式。

7.1.2　插入图片

写字板具有强大的文字和图片处理功能，支持图文混排，通过在文档中插入图片、声音、视频剪辑等多媒体资料，可以使文档的内容更加丰富。

第1步　打开写字板程序，单击【主页】选项卡，然后单击【插入】区域中的【图片】按钮，如图 7-4 所示。

第2步　打开【选择图片】对话框，在【图片位置】列表框中选择图片的保存位置，选择准备插入的图片，如选择图片【灯塔】，单击【打开】按钮，如图 7-5 所示。

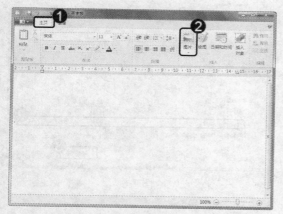

图 7-4

图 7-5

第3步　通过以上操作，即可在写字板中插入图片，如图 7-6 所示。

图 7-6

智慧锦囊

在【主页】选项卡的【插入】区域中有多个按钮，用户可根据需要自行选择在写字板中插入的对象。如单击【绘图】按钮，在打开的【位图图像在文档中-画图】窗口中绘图后，关闭该绘图窗口，即可将绘制后的图像插入到写字板中。

7.1.3　保存文档

使用写字板工具编辑完文档后，可以将编辑好的文档保存到电脑中，以备日后查看或使用。

第1步 确认写字板中的内容编辑完成，单击【写字板】按钮，在弹出的菜单中选择【保存】菜单项，如图 7-7 所示。

第2步 打开【保存为】对话框，在【保存位置】下拉列表框中选择文档保存的位置，在【文件名】文本框中输入文档准备保存的名称，单击【保存】按钮，如图 7-8 所示。

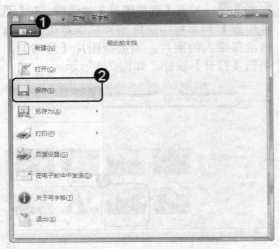

图 7-7

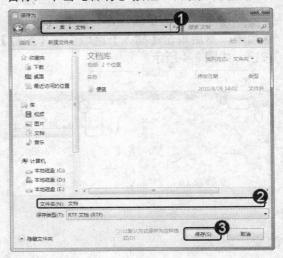

图 7-8

第3步 打开【文档】文件夹，可以看到名称为【文档】的写字板程序已经被保存在该文件夹中，如图 7-9 所示。

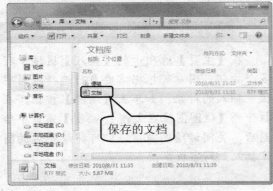

保存的文档

图 7-9

智慧锦囊

在标题栏中单击【保存】按钮，也可从打开【保存为】对话框，对文档进行保存，按组合键【Ctrl】+【S】可以快速保存文档。如果用户想要调整文档的属性，可以选择【另存为】菜单项，对文档的格式进行设置和调整。

7.2　计算器

Windows 7 操作系统中自带了电子计算器工具，方便用户进行数据的计算和分析。计算器工具操作简便，实用性强，可以计算日常生活的收支，管理家庭或公司的财务状况，还可以进行科学运算，如公式、函数等。

7.2.1 使用计算器进行四则运算

在 Windows 7 操作系统中，启动计算器后即可进行加、减、乘、除四则运算。下面以计算"8×23+6-3"为例，介绍使用计算器进行四则运算的操作方法。

第1步　在 Windows 7 操作系统桌面上单击【开始】按钮，选择【所有程序】→【附件】→【计算器】菜单项，如图 7-10 所示。

第2步　打开【计算器】窗口开始运算，依次单击【8】按钮、【*】按钮、【2】按钮、【3】按钮，如图 7-11 所示。

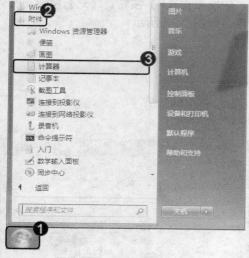

图 7-10

图 7-11

第3步　依次单击【+】按钮、【6】按钮、【-】按钮、【3】按钮，如图 7-12 所示。

第4步　单击【＝】按钮，即可在计算器上显示运算结果，如图 7-13 所示。

图 7-12

图 7-13

7.2.2 使用计算器进行科学计算

在系统中启动计算器默认情况下为标准型，用于计算简单的数据，如果需要计算复杂的数据，可以将其转换为科学型。科学型计算器可以进行多种复杂的运算，如统计运算、n 次方和 n 次根运算、数制转换运算、函数运算等。下面以计算"$8^9+10^5-7!$"为例，介绍使用计算器进行科学计算的方法。

第1步 打开计算器工具，单击【查看】菜单项，在弹出的下拉菜单中选择【科学型】菜单项，如图 7-14 所示。

第2步 进入科学型计算器界面开始运算，依次单击【8】按钮、【x^y】按钮、【9】按钮，如图 7-15 所示。

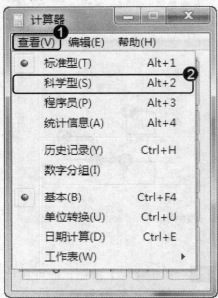

图 7-14

图 7-15

第3步 依次单击【+】按钮、【5】按钮、【10^x】按钮，如图 7-16 所示。

第4步 依次单击【-】按钮、【7】按钮、【n!】按钮，如图 7-17 所示。

图 7-16

图 7-17

第5步 单击【＝】按钮，即可计算器中显示出运算结果，如图 7-18 所示。

运算结果
134312688

图 7-18

智慧锦囊

　　启动计算器后，在键盘上依次按下相应的数字键，也可输入数字进行运算。使用计算器进行计算时，如果输入的数字有错误，则单击【←】按钮，可以依次删除显示栏中的最后一位数字，从而输入正确的数字。

　　计算器的使用方法与日常生活中的计算器一样，但是电脑中的计算器可以输入高达 32 位的数值，并且具有复制、粘贴的功能，可以将运算的结果存储到电脑硬盘中。

7.3　画图程序

　　画图程序是 Windows 7 操作系统自带的应用程序，用户可以使用该程序绘制简单的图形并保存在电脑中与家人分享。画图程序不仅可以绘制图画，还能查看和编辑硬盘中的照片，具有操作简单、易于修改、永久保存等特点。

7.3.1　在电脑中画图

　　画图程序是一个位图编辑器，启动画图程序后用户可以自己绘制图形，还可以对各种位图格式的图形进行编辑，功能非常强大。

第1步 在 Windows 7 操作系统桌面上单击【开始】按钮，在弹出的菜单中选择【所有程序】菜单项，如图 7-19 所示。

第2步 在弹出的【所有程序】菜单中选择【附件】菜单项，然后选择【画图】程序，如图 7-20 所示。

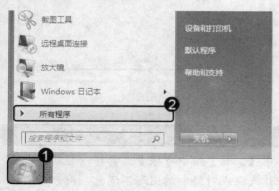

图 7-19

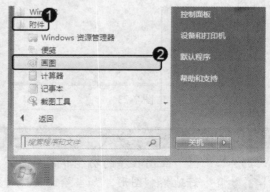

图 7-20

第 3 步 打开【画图】程序界面，开始绘图。单击【颜色】区域中的【颜色 1】按钮，在颜色框中选取准备应用的颜色选项，如图 7-21 所示。

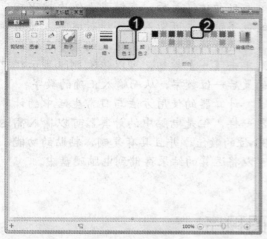

图 7-21

第 5 步 单击【粗细】按钮，在弹出的下拉列表中选择宽度为【10px】的线条，如图 7-23 所示。

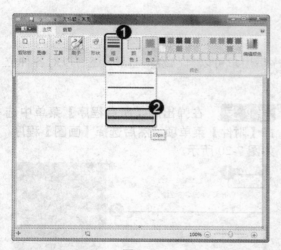

图 7-23

第 4 步 单击【颜色】区域中的【颜色 2】按钮，在颜色框中选取准备应用的颜色选项，如图 7-22 所示。

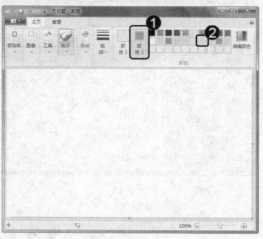

图 7-22

第 6 步 移动鼠标指针至画图程序的工作区域，按住鼠标左键并拖动鼠标，使用"颜色 1"在工作区域画图，然后松开鼠标；按住鼠标右键并拖动鼠标，使用"颜色 2"在工作区域画图，再松开鼠标。通过以上操作，即可在电脑中完成图形的绘制，如图 7-24 所示。

绘制完成的图形

图 7-24

◆ **知识拓展**

画图程序的功能非常全面，其中【工具】组中有很多工具可以帮助用户更好地绘制图形。如当绘制图形时操作失误或对绘制的图形不满意，用户可以使用【工具】组中的【橡皮擦】工具，将有错误的部分擦掉。

7.3.2 保存图像

在画图程序中对于绘制完成的图形，可以将其保存到电脑硬盘中，以便日后查看或使用。

第1步 在画图程序中，确认图形绘制完成，单击【画图】按钮，在弹出的下拉菜单中选择【保存】菜单项，如图 7-25 所示。

第2步 打开【保存为】对话框，在【保存位置】下拉列表框中选择图片准备保存的位置，如【图片】文件夹；在【文件名】文本框中输入准备保存图片的名称，如输入【花朵】；在【保存类型】下拉列表框中选择准备保存图片的类型，如选择格式为【JPEG】，单击【保存】按钮，如图 7-26 所示。

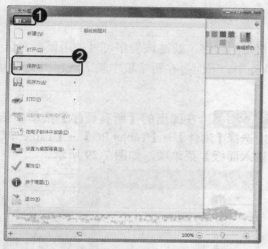

图 7-25

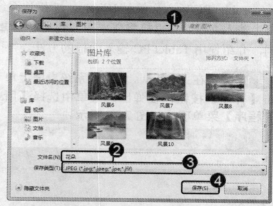

图 7-26

第3步 打开【图片】文件夹，可以看到，名称为【花朵】的画图程序已经被保存在该文件夹中，如图 7-27 所示。

图 7-27

智慧锦囊

按组合键【Ctrl】+【S】，也可以保存绘制好的图形，如果文件已经被保存好，准备将绘制好的图形做一个备份，可以单击【画图】按钮，在弹出的下拉菜单中选择【另存为】菜单项。

7.4 Tablet PC 工具

在 Windows 7 操作系统中，自带了 Tablet PC 工具，其中包括 Tablet PC 输入面板和 Windows 日记本等。

7.4.1 Tablet PC 输入面板

Tablet PC 输入面板是 Windows 7 操作系统自带的程序，通过该程序可以使用鼠标在屏幕上输入文本，并直接将文本插入到文字编辑软件中。下面以在写字板中输入汉字"文"为例，介绍使用 Tablet PC 输入面板的方法。

第1步 在 Windows 7 操作系统桌面上单击【开始】按钮，在弹出的菜单中选择【所有程序】菜单项，如图 7-28 所示。

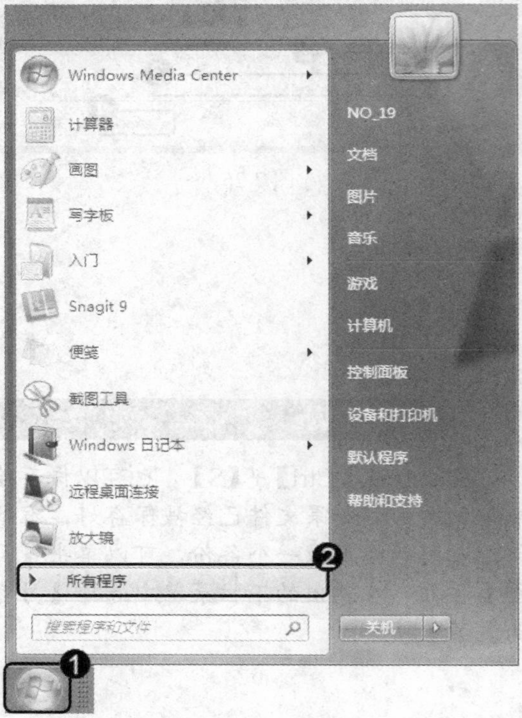

第2步 在弹出的【所有程序】菜单中依次选择【附件】→【Tablet PC】→【Tablet PC 输入面板】菜单项，如图 7-29 所示。

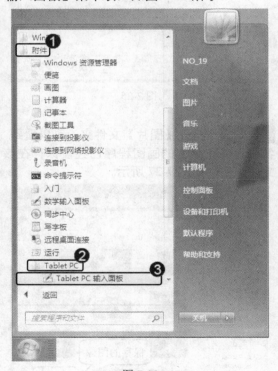

图 7-28

图 7-29

第3步 打开 Tablet PC 输入面板，在编辑界面中移动鼠标指针，在网格中写上准备输入的文字，如写上汉字【文】，如图 7-30 所示。

第4步 此时，Tablet PC 输入面板程序自动识别用户的使用鼠标指针手写的汉字，如图 7-31 所示。

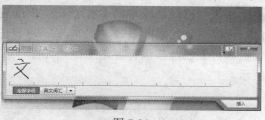

图 7-30

图 7-31

7.4.2　Windows 日记本

Windows 日记本也是系统中自带的 Tablet PC 工具之一，使用 Windows 日记本可以像在普通纸张上一样写日记，也可以插入图片或用荧光笔装扮日记。

第 1 步　在开始菜单中选择【所有程序】→【附件】→【Tablet PC】→【Windows 日记本】菜单项，打开 Windows 日记本，如图 7-32 所示。

第 2 步　打开【便笺 1-Windows 日记本】窗口，按住鼠标左键拖动鼠标，书写需要填写的内容后松开鼠标，如图 7-33 所示。

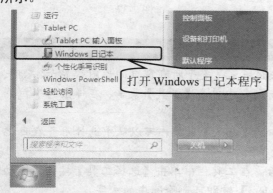

图 7-32

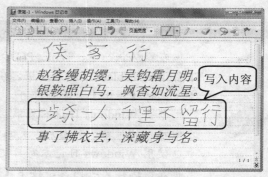

图 7-33

第 3 步　在工具栏中单击【荧光笔】按钮，使用荧光笔标记文本中的内容，如图 7-34 所示。

第 4 步　文本输入完成后，单击【文件】菜单，在弹出的菜单中选择【保存】菜单项，如图 7-35 所示。

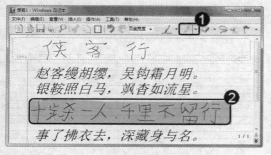

图 7-34

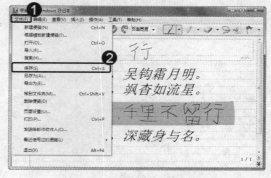

图 7-35

第5步 打开【另存为】对话框，在【保存在】下拉列表框中选择文件保存的位置，如本地磁盘（F:），在【文件名】文本框中输入文件的名称，如输入【侠客行】，单击【保存】按钮，如图 7-36 所示。

第6步 打开电脑中的【本地磁盘(F:)】窗口，可以看到，刚刚编辑过的 Windows 日记【侠客行】已经被保存在电脑中，如图 7-37 所示。

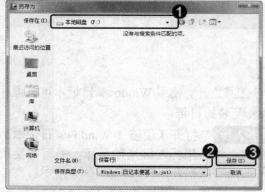

图 7-36

保存的 Windows 日记本

图 7-37

◆ **知识拓展**

在默认状态下，Tablet PC 输入面板总是置于所有窗口的最前端显示，如果准备退出 Tablet PC 输入面板，在标题栏中单击【工具】菜单，在弹出的下拉菜单中选择【退出】菜单项即可。

单击 Windows 日记本菜单栏中的【插入】菜单，可以从中选择准备在日记本中插入的对象，如图片、文本框等。

使用 Windows 日记本写日记后，在工具栏中单击【选择工具】按钮，拖动鼠标左键选择文字内容，按下【Delete】键即可删除选中的文字。

第2篇 Office 2010 办公软件

主要内容

2

Chapter 8

Word 2010 基础操作

本 章 要 点

- 初识 Word 2010
- Word 2010 的基本操作
- 编辑文本
- 设置文档格式
- 插入对象
- 应用表格

本章主要内容

本章将主要介绍有关 Word 2010 的各种知识和技巧，包括初识 Word 2010、启动和退出 Word 2010、Word 2010 的基本操作，同时还将讲解在 Word 2010 文档中编辑文本、设置格式、插入对象等知识，在每一个知识点后都附有详细的操作方法和步骤。通过本章的学习，读者可以掌握 Word 2010 基础操作方面的知识，为深入学习和使用电脑办公软件奠定基础。

8.1 初识 Word 2010

Word 2010 是 Office 2010 的核心组件之一，该款软件是 Microsoft 公司推出的一款用于文字处理的智能办公软件，具有格式设置和图文混排等高级排版功能。Word 2010 的新界面更有利于办公，本节将介绍 Word 2010 的有关知识。

8.1.1 启动 Word 2010

如果准备使用 Word 2010 进行文档编辑，就应该了解 Word 2010 的相关操作，首先需要了解的就是启动 Word 2010。

第 1 步 在 Windows 7 系统桌面上单击【开始】按钮，在弹出的菜单中选择【所有程序】菜单项，如图 8-1 所示。

第 2 步 在打开的【所有程序】菜单中展开【Microsoft Office】菜单项，选择【Microsoft Word 2010】菜单项，如图 8-2 所示。

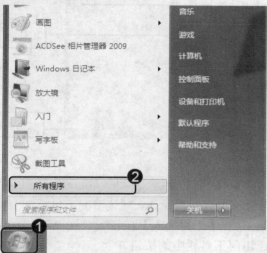

图 8-1

图 8-2

第 3 步 通过以上操作，即可启动 Word 2010，如图 8-3 所示。

图 8-3

智慧锦囊

如果桌面上有 Word 2010 的快捷方式图标，双击该图标也可快速启动 Word 2010。

如果桌面上没有 Word 2010 的快捷方式图标，在【Microsoft Word 2010】菜单项处右击，在弹出的快捷菜单中选择【发送到】→【桌面快捷方式】菜单项即可添加。

8.1.2 Word 2010 的工作界面

启动 Word 2010 后即可进入 Word 2010 的工作界面。Word 2010 的工作界面与之前版本的界面相比，外观上和功能上都发生了较大的改变，Word 2010 的工作界面由快速访问工具栏、标题栏、功能区、导航窗格、工作区、滚动条和状态栏等部分组成，如图 8-4 所示。

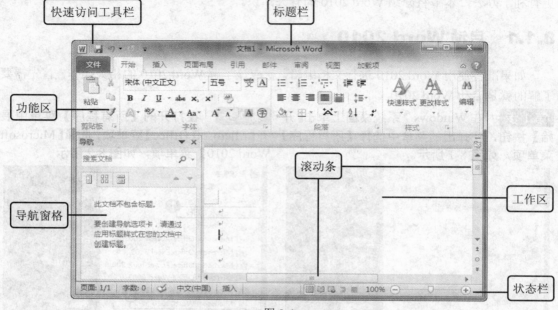

图 8-4

1．快速访问工具栏

它位于 Word 2010 工作界面的左上方，用于快速执行一些操作。默认情况下包括 3 个按钮，分别是【保存】按钮 、【撤销键入】按钮 和【重复键入】按钮 。在 Word 2010 的使用过程中，可以根据需要，添加或删除快速访问工具栏中的按钮。

2．标题栏

它位于 Word 2010 工作界面的最上方，用于显示当前正在编辑的文档和程序名称。拖动标题栏可以改变窗口的位置，双击标题栏可最大化或还原窗口。在标题栏的最右侧，是【最小化】按钮 、【最大化】按钮 /【还原】按钮 和【关闭】按钮 ，用于执行窗口的最小化、最大化、向下还原和关闭操作。

3．功能区

它位于标题栏的下方，默认情况下由 9 个选项卡组成，分别为【文件】、【开始】、【插入】、【页面布局】、【引用】、【邮件】、【审阅】、【视图】和【加载项】。每个选项卡中包含不同的功能区，功能区由若干组组成，每个组又由若干功能相似的按钮和下拉列表组成。

Word 2010 区别于之前的版本，设计了一个新的 Backstage 视图，在功能区单击【文件】

选项卡即可打开，在该视图中可以对文档的相关数据进行管理，如创建、保存和发送文档，检查文档中是否包含隐藏的元数据或个人信息，设置打开或关闭"记忆式键入"等。Backstage 视图取代了早期版本中的【Office】按钮和文件菜单，使用起来更加方便，如图 8-5 所示。

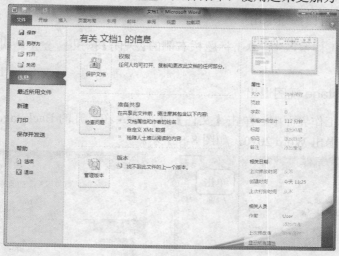

图 8-5

4．导航窗格

Word 2010 还为用户设计了导航窗格这一新增功能，用于对文档进行编辑和查看。它位于 Word 2010 工作界面的左侧，在导航窗格中可以轻松地查看与编辑文档结构图、查看页面缩略图并使用渐进式搜索文档的内容。

5．工作区

工作区即 Word 2010 的文档编辑区，位于窗口中间，在此区域内可以输入内容并对内容进行编辑，输入文字、插入图片、设置和编辑文字格式等，是 Word 2010 的主要操作区域。

6．滚动条

它分为垂直滚动条和水平滚动条，分别位于文档的右侧和下方，拖动滚动条可以调整文档工作区页面中的显示内容。

7．状态栏

它位于文档窗口的最下方，操作起来更加便捷，并且具有更多的功能，如查看页面信息、进行语法检查、选择视图模式和调节显示比例等，如图 8-6 所示。

图 8-6

8.1.3　退出 Word 2010

文档编辑完成后，应该退出 Word 2010，以免占用空间，影响系统运行速度。

1. 通过标题栏窗口按钮退出

在 Word 2010 工作窗口中，单击标题栏右侧的【关闭】按钮　×　，即可退出 Word 2010，如图 8-7 所示。

2. 通过 Backstage 视图退出

在 Word 2010 工作界面中，单击【文件】选项卡，在打开的 Backstage 视图中选择【退出】菜单项，即可退出 Word 2010，如图 8-8 所示。

图 8-7

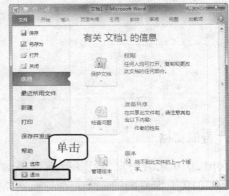

图 8-8

3. 通过 Word 图标退出

在 Word 2010 工作窗口中，单击快速访问工具栏左侧的 Word 图标，在弹出的菜单中选择【关闭】菜单项，即可退出 Word 2010，如图 8-9 所示。

4. 通过右键快捷菜单退出

在系统桌面上右击任务栏中的 Microsoft Word 2010 缩略图标，在弹出的快捷菜单中选择【关闭窗口】菜单项，也可退出 Word 2010，如图 8-10 所示。

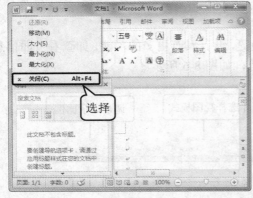

图 8-9

图 8-10

8.2　Word 2010 的基本操作

Word 2010 作为一款常用的文字编辑排版软件，同其他软件一样，在使用时有其基本的操作方法，包括新建 Word 文档、保存 Word 文档、关闭 Word 文档、打开 Word 文档等。

8.2.1　新建文档

在默认状态下，启动 Word 2010 后系统会自动建立一个名为"文档 1"的空白文档。如果用户在使用 Word 2010 的过程中因工作要求，需要在新的文档界面中进行文字的录入与编辑，此时需要新建文档。

第 1 步　打开 Word 2010 文档，单击【文件】选项卡，选择【新建】菜单项，然后在【可用模板】区域中选择准备应用的模板，单击【创建】按钮，如图 8-11 所示。

第 2 步　此时，Word 2010 自动新建了一个名为【文档 2】的空白文档，如图 8-12 所示。

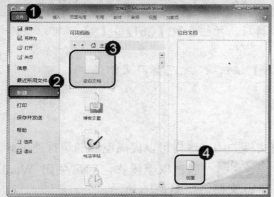

图 8-11

图 8-12

◆　知识拓展

启动 Word 2010 后，按组合键【Ctrl】+【N】，可以快速新建一个空白文档；在【可用模板】区域双击准备创建的模板选项，也可快速新建一个基于该模板的空白文档。

8.2.2　保存文档

Word 文档在编辑的过程中，文档中的内容是保存在电脑内存中的。当文档编辑完成后，如果没有被保存，在退出 Word 2010 后，文档中的内容将会丢失。因此，完成文档的编辑后，保存文档的操作是非常必要的。

第1步 打开 Word 2010 文档，单击【文件】选项卡，在 Backstage 视图中选择【保存】菜单项，如图 8-13 所示。

第2步 打开【另存为】对话框，选择 Word 文档准备保存的位置，在【文件名】文本框中输入文档保存的名称，如输入【我的 WORD 文档】，单击【保存】按钮即可，如图 8-14 所示。

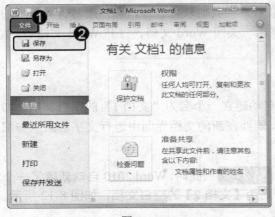

图 8-13

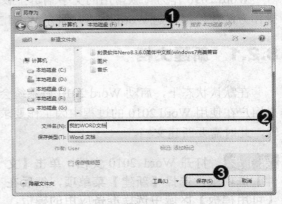

图 8-14

◆ **知识拓展**

在 Word 2010 中完成文档的编辑后，按组合键【Ctrl】+【S】，可以快速保存文档。

在快速访问工具栏中单击【保存】按钮，也可保存文档。

8.2.3 关闭文档

Word 文档编辑完成并保存后，我们可以将文档关闭，这样可以提高电脑的运行速度。

第1步 保存文档后，单击【文件】选项卡，选择【关闭】菜单项，如图 8-15 所示。

第2步 通过以上操作，即可关闭 Word 2010 文档，如图 8-16 所示。

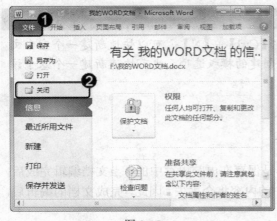

图 8-15

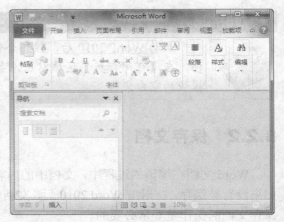

图 8-16

8.2.4 打开文档

Word 文档写作完成后，如果想要再次查看或编辑电脑中保存的文档内容，可以将 Word 2010 再次打开。

1．使用对话框打开文档

在 Word 2010 中，使用【打开】对话框可以快速打开文档。

第1步 打开 Word 2010 程序，单击【文件】选项卡，选择【打开】菜单项，如图 8-17 所示。

第2步 打开【打开】对话框，选择文件保存的位置，然后选择准备打开的文档，单击【打开】按钮，如图 8-18 所示。

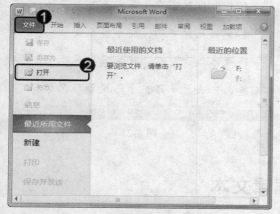

图 8-17

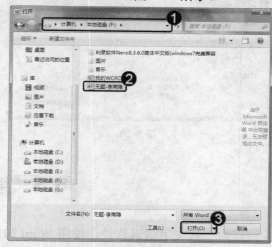

图 8-18

第3步 通过以上操作，即可打开 Word 文档。此时，文档中显示保存好的内容，如图 8-19 所示。

图 8-19

智慧锦囊

按组合键【Ctrl】+【O】，也可以打开【打开】对话框，在【打开】对话框中双击准备打开的文档，也可以将选中的文档打开。

2．使用选项卡打开文档

在 Word 2010 中，如果准备打开的文档为最近使用的文档，可以选择 Backstage 视图中的【最近所用文件】菜单项打开文档。

第1步 打开 Word 2010 程序，单击【文 　　**第2步** 通过以上操作，即可打开文档，
件】选项卡，选择【最近所用文件】菜单项，　如图 8-21 所示。
然后选择准备打开的文档，如图 8-20 所示。

图 8-20

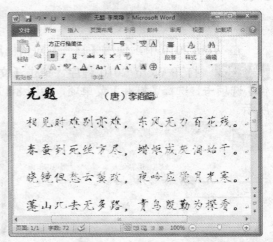

图 8-21

8.3　编辑文本

作为一款文字编辑软件，使用 Word 2010 的主要目的就是编辑文本。在 Word 2010 中
建立文档后，可以在其中输入并编辑文本内容，从而满足办公需求。本节将介绍编辑文本的
操作方法，如选择文本、修改文本、查找与替换文本的操作方法。

8.3.1　选择文本

想要修改文本内容，首先需要选中准备修改的文字。Word 2010 文档在选择文本方面提
供了多种操作方法，而且简单易用，用户可以根据需要选择任意字、词、句子或者段落进行
修改。

● 选择任意文本：将光标定位在准备选择文字或文本的左侧或右侧，单击并拖动光标
至准备选取文字或文本的右侧或左侧，此时选中部分将显示为淡蓝色，确认选中后，
松开鼠标即可选中单个文字或某段文本。

● 选择一行文本：移动鼠标指针到准备选择的某一行行首的空白处，待鼠标指针变成
向右箭头形状时，单击即可选中该行文本。

● 选择一段文本：将光标定位在准备选择的一段文本的任意位置，然后连续单击鼠标
三次即可选中一段文本。

● 选择整篇文本：将鼠标指针移动到文本左侧的空白处，待鼠标指针变成向右箭头形
状时，连续单击鼠标左键三次即可选择整篇文档；将光标定位在文本左侧的空白

处，待鼠标指针变成向右箭头形状 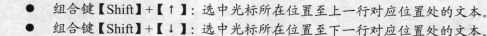 时，按住【Ctrl】键不放的同时单击，即可选中整篇文档；将光标定位在准备选择整篇文档的任意位置，按组合键【Ctrl】+【A】即可选中整篇文档。

- 选择词：将光标定位在准备选择词的位置，双击鼠标即可选择词。
- 选择句子：按住【Ctrl】键的同时，单击准备选择的句子的任意位置即可选择句子。
- 选择垂直文本：将光标定位在任意位置，然后按住【Alt】键的同时拖动鼠标指针到目标位置，即可选择某一垂直块文本。
- 选择分散文本：选中一段文本后，按住【Ctrl】键的同时再选定其他不连续的文本即可选定分散文本。

◆ **知识拓展**

通过鼠标和键盘的结合使用，可以有更多的方法选择文本，从而提高工作效率，熟练掌握这些操作方法可以更好更快地完成工作。下面介绍利用快捷键选择任意文本的操作方法。

- 组合键【Shift】+【↑】：选中光标所在位置至上一行对应位置处的文本。
- 组合键【Shift】+【↓】：选中光标所在位置至下一行对应位置处的文本。
- 组合键【Shift】+【←】：选中光标所在位置左侧的一个文字。
- 组合键【Shift】+【→】：选中光标所在位置右侧的一个文字。
- 组合键【Shift】+【Home】：选中光标所在位置至行首的文本。
- 组合键【Shift】+【End】：选中光标所在位置至行尾的文本。
- 组合键【Ctrl】+【Shift】+【Home】：选中光标所在位置至文本开头的文本。
- 组合键【Ctrl】+【Shift】+【End】：选中光标所在位置至文本结尾处的文本。

8.3.2 修改文本

如果用户在输入文本时发生误操作，或者对已经输入的文字内容不满意，可以对文档进行修改，从而确保完成工作时的正确性。

第1步 选中准备修改的内容，再选择使用的输入法，输入正确的文本内容，如图 8-22 所示。

第2步 通过以上操作，即可在 Word 2010 中修改文本，如图 8-23 所示。

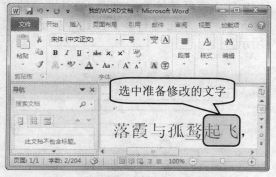

图 8-22

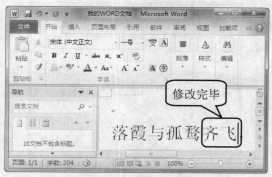

图 8-23

8.3.3 查找与替换文本

在 Word 2010 中，通过查找与替换文本的功能可以快速查看或修改文本中的内容，还可以对文字、格式等进行相应的操作。如果文档中有大批量的相同内容需要修改，使用该功能可以节省修改文本的时间，提高效率。

1. 查找文本

使用查找文本功能可以在选中的行、句子、段落或者整篇文档中，快速地查找指定的任意字符、词语和符号等内容。

第 1 步 打开 Word 2010 文档，在导航窗格的【搜索】文本框中输入准备查找的文字内容，如图 8-24 所示。

第 2 步 按【Enter】键，导航窗格中显示搜索结果，工作区中显示需要搜索文本所在的位置，如图 8-25 所示。

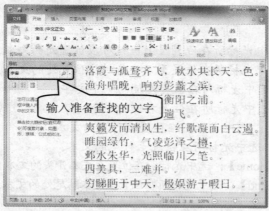

图 8-24

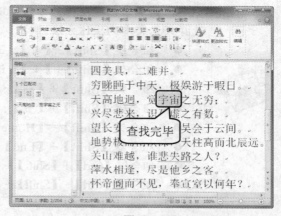

图 8-25

2. 替换文本

使用 Word 2010 编辑文本时，可以将查找到的内容替换为文字、词组等。

第 1 步 打开 Word 2010 文档，选择【开始】选项卡，在【编辑】组中单击【编辑】按钮，选择【替换】菜单项，如图 8-26 所示。

第 2 步 打开【查找和替换】对话框，单击【替换】选项卡，在【查找内容】文本框中输入准备替换的文本，在【替换为】文本框中输入需要替换的字或词，确认替换的内容无误后，单击【替换】按钮，如图 8-27 所示。

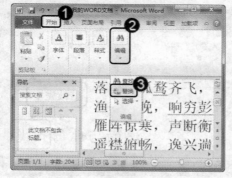

图 8-26

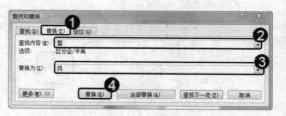

图 8-27

第3步 打开【Microsoft Word】对话框，执行替换文档的操作，单击【确定】按钮，如图 8-28 所示。

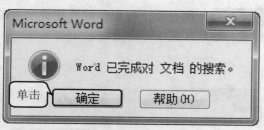

图 8-28

第4步 至此，即可完成文档中文本内容的替换，如图 8-29 所示。

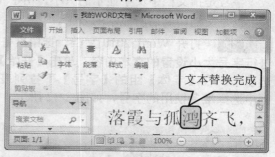

图 8-29

8.4 设置文档格式

Word 2010 具有强大的文本编辑功能，在文档中输入文字内容后，可以对文本和段落格式进行设置，从而满足工作的需求。

8.4.1 设置文本格式

在 Word 2010 中输入文字后，可以对文本格式进行设置，从而使文本的显示方式更加美观。

1．设置字体

在浏览文档时，一篇文章中往往包含多种字体，Word 2010 则提供了多种字体供用户使用。

第1步 打开 Word 2010 文档，选中准备进行字体格式设置的文本内容，单击【开始】选项卡，在【字体】组中单击【字体】下拉按钮，在弹出的下拉菜单中选择准备使用的字体，如图 8-30 所示。

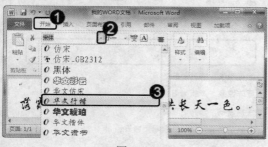

图 8-30

第2步 通过以上操作，即可完成字体格式的设置，效果如图 8-31 所示。

图 8-31

2．设置字号

字号是指文档中文字显示的大小，由于 Word 文档的"所见即所得"，因此设置的字号大小也是文档印刷后所显示的效果。

第1步 打开 Word 2010 文档，选中准备进行字号大小设置的文本内容，单击【开始】选项卡，在【字体】组的【字号】下拉列表框中选择准备使用的字号，如图 8-32 所示。

第2步 通过以上操作，即可完成字号的设置，效果如图 8-33 所示。

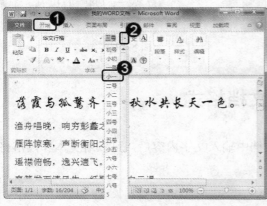

图 8-32

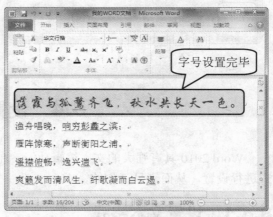

图 8-33

3．设置字体颜色

在 Word 文档中，默认的字体颜色被自动设置为黑色。在日常工作中，我们也可以根据工作的要求和喜好设置字体颜色。

第1步 打开 Word 2010 文档，选中准备进行字体颜色设置的文本内容，单击【开始】选项卡，在【字体】组中单击【字体颜色】下拉按钮，在弹出的【主题颜色】列表框中选择准备使用的字体颜色，如图 8-34 所示。

第2步 通过以上操作，即可完成字体颜色的设置，效果如图 8-35 所示。

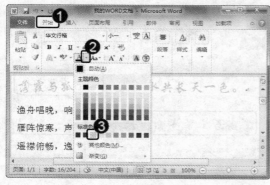

图 8-34

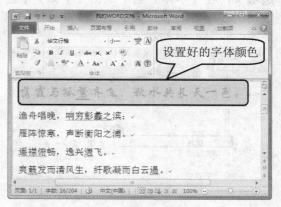

图 8-35

8.4.2　设置段落格式

在 Word 文档中，对文本的编辑往往都是以段落为单位进行的，利用 Word 文档强大的排版设计功能，用户可以对文档中的段落进行多种格式上的设置。

1. 设置段落的对齐格式

段落对齐方式是指段落在文档中显示的位置，用户可根据具体工作需求将段落设置为左对齐、右对齐、两端对齐和居中对齐。下面以将段落设置为居中对齐为例，介绍设置段落对齐格式的操作方法。

第 1 步　打开 Word 2010 文档，选中准备设置段落的文本内容，单击【开始】选项卡，在【段落】组中单击【居中】按钮，如图 8-36 所示。

第 2 步　通过以上操作，即可将段落以居中对齐方式显示，如图 8-37 所示。

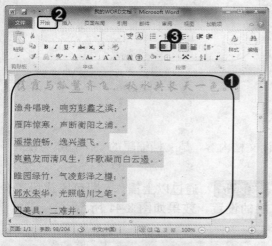

图 8-36

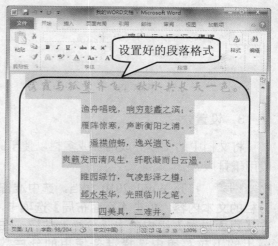

图 8-37

◆　**知识拓展**

在 Word 2010 中，利用组合键也可以进行段落对齐方式的设置：
- 组合键【Ctrl】+【L】：可以设置段落文本左对齐。
- 组合键【Ctrl】+【E】：可以设置段落文本居中对齐。
- 组合键【Ctrl】+【R】：可以设置段落文本右对齐。
- 组合键【Ctrl】+【J】：可以设置段落文本两端对齐。
- 组合键【Ctrl】+【Shift】+【L】：可以设置段落文本分散对齐。

2. 设置段落的行间距

行间距是指文档的段落中相邻行与行之间的距离，设置合适的行间距效果可以使文档的结构更加清晰，便于阅读者观看和理解。

第1步　打开 Word 2010 文档，选中准备设置段落行距的文本内容，单击【开始】选项卡，在【段落】组中单击【行和段落间距】按钮，在弹出的下拉菜单中选择准备使用的行间距，如图 8-38 所示。

第2步　通过以上操作，即可完成段落行间距的设置，效果如图 8-39 所示。

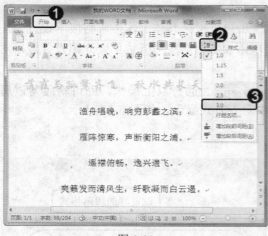

图 8-38

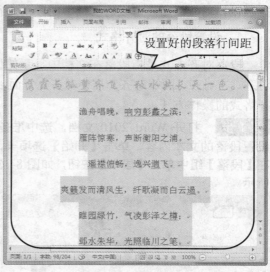

图 8-39

3．设置分栏

将文档中的文本分成两栏或多栏以便于阅读文档内容，是文档编辑的一个基本方法，一般用于排版。

第1步　打开 Word 2010 文档，选中准备分栏的文本内容，单击【页面布局】选项卡，在【页面设置】组中单击【分栏】按钮，在弹出的下拉菜单中选择准备使用的分栏数目，如图 8-40 所示。

第2步　通过以上操作，即可完成段落分栏的设置，效果如图 8-41 所示。

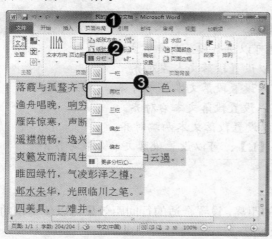

图 8-40

图 8-41

8.5 插入对象

除了一般意义上文字的排版编辑，Word 2010 文档还具有强大的图文混排功能，在文档中可以插入图片、剪贴画、艺术字等，通过使用这些对象，可以让 Word 文档更加美观。

8.5.1 插入图片

在 Word 文档中可以非常方便地插入图片，这样能够更好地诠释文本，同时使文稿看起来更加美观。下面将介绍插入图片的操作方法。

第1步 打开 Word 2010 文档，将光标定位在准备插入图片的位置，单击【插入】选项卡，在【插图】组中单击【图片】按钮，如图 8-42 所示。

第2步 打开【插入图片】对话框，在【位置】下拉列表框中选择图片所在的路径，再选择准备插入文档的图片，单击【插入】按钮，如图 8-43 所示。

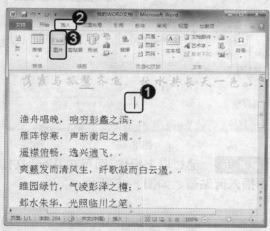

图 8-42

图 8-43

第3步 通过以上操作，即可在 Word 文档中插入图片，如图 8-44 所示。

图 8-44

 智慧锦囊

在【插入图片】对话框中双击准备插入的图片，也可以在文档中完成插入图片。

选中图片后，把鼠标指针放到图片周围的小方块上，拖动鼠标可以改变图片的大小。

选中插入的图片，在【格式】选项卡的【图片样式】组中可以对插入的图片进行各种格式的设置。

8.5.2 插入剪贴画

在 Word 2010 文档中还可以插入剪贴画，包括插图、照片、视频和音频等。

第1步 打开 Word 2010 文档，将光标定位在准备插入剪贴画的位置，单击【插入】选项卡，在【插图】组中单击【剪贴画】按钮，如图 8-45 所示。

第2步 打开【剪贴画】任务窗格，在【搜索文字】文本框中输入准备插入剪贴画的关键字，如输入【花】，单击【搜索】按钮，如图 8-46 所示。

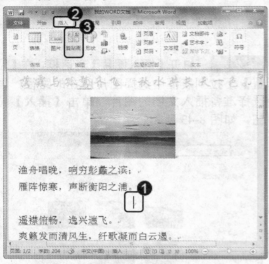

图 8-45

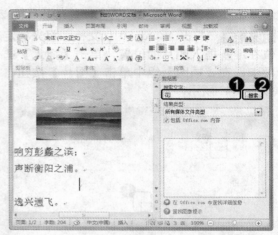

图 8-46

第3步 此时，下方列表框中显示搜索到的图片，单击准备插入剪贴画缩略图右侧的箭头，在弹出的菜单中选择【插入】菜单项，如图 8-47 所示。

第4步 通过以上操作，即可在 Word 文档中插入剪贴画，如图 8-48 所示。

图 8-47

图 8-48

8.5.3 插入艺术字

艺术字是经过专业的字体设计师艺术加工的汉字变形字体，字体特点符合文字含义，具有美观有趣、易认易识、醒目张扬等特性。Word 文档为满足用户工作的需要而设置了插入艺术字功能，下面介绍在 Word 2010 中插入艺术字的操作步骤。

第1步 打开 Word 2010 文档，将光标定位在准备插入艺术字的位置，单击【插入】选项卡，在【文本】组中单击【艺术字】按钮，如图 8-49 所示。

第2步 打开【艺术字】库，在其中选择准备应用的艺术字字体和样式，如图 8-50 所示。

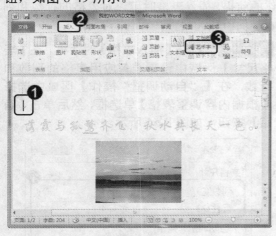

图 8-49

图 8-50

第3步 文档中出现输入艺术字内容的文本框，选择合适的输入法，在文本框输入准备应用的文字，如图 8-51 所示。

第4步 通过以上操作，即可在 Word 文档中插入艺术字，效果如图 8-52 所示。

图 8-51

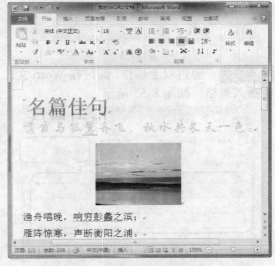

图 8-52

8.6 应用表格

使用 Word 2010 不仅可以实现图文混排，如果在工作中需要进行数据统计等操作，还可以在文档中插入表格。在 Word 文档中应用表格，统计数据时可以令文档看起来条理清晰，更易于查看分析。

8.6.1 插入表格

在 Word 2010 中插入表格是对表格进行操作的前提，插入表格时可以对表格的行数和列数进行设定，用户可根据实际需要在 Word 2010 文档中插入指定行列数的表格。

第1步 打开 Word 2010 文档，将光标定位在准备插入表格的位置，单击【插入】选项卡，在【表格】组中单击【表格】按钮，在弹出的下拉菜单中选择【插入表格】菜单项，如图 8-53 所示。

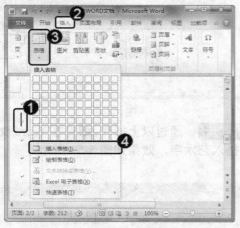

图 8-53

第3步 通过以上操作，即可在 Word 文档中插入表格，如图 8-55 所示。

图 8-55

第2步 打开【插入表格】对话框，在【表格尺寸】区域中设置准备应用表格的列数和行数，在【"自动调整"操作】区域中选择【根据内容调整表格】单选框，然后单击【确定】按钮，如图 8-54 所示。

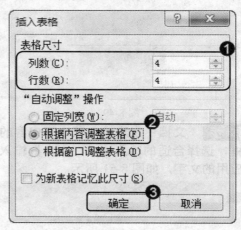

图 8-54

智慧锦囊

在 Word 2010 中，提供了快速添加表格的快捷方式操作方法，规格在 10×8 以下的表格均可快速被插入文档。快速插入表格的方法如下：单击【插入】选项卡，在【表格】组中单击【表格】按钮，在弹出的下拉列表的【插入表格】区域中选择表格规格即可。

8.6.2　调整行高与列宽

　　用户在 Word 文档中插入的表格默认情况下为规范模式，每个表格的大小是一致的，但在实际工作中，表格中的内容并不是固定的，行高和列宽也需根据表格中的内容调整，从而使显示的内容更全面，文档更为美观，浏览文档时也更加方便。

第1步　打开 Word 2010 文档，将光标定位在准备调整的表格内，单击【布局】选项卡，在【单元格大小】组的【表格行高度】微调框中输入值，并在【表格列宽度】微调框中输入值，如图 8-56 所示。

第2步　通过以上操作，即可在 Word 文档中调整表格的行高和列宽，如图 8-57 所示。

图 8-56

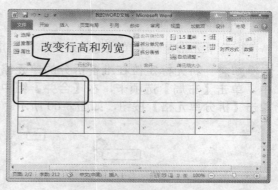

图 8-57

◆　**知识拓展**

　　将鼠标指针定位到准备调整行高或列宽的表格边缘，当鼠标指针变为 ╪ 形或 ╫ 形时，选中并拖动鼠标指针至目标位置，松开鼠标即可调整行高或列宽。

8.6.3　合并与拆分单元格

　　在 Word 文档中插入的表格数目不能满足工作需求时，可以将表格进行拆分合并处理，以适应文档编辑的需要。

1．合并单元格

　　合并单元格是指将两个或两个以上的单元格合并为一个单元格，既可以合并同列的单元格，也可以合并同行的单元格。

第1步　拖动鼠标选中准备合并的单元格，单击【布局】选项卡，在【合并】组中单击【合并单元格】按钮，如图 8-58 所示。

第2步　通过以上操作，即可合并单元格，如图 8-59 所示。

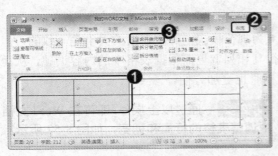

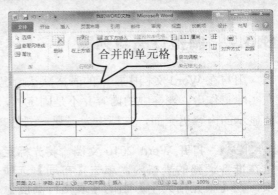

图 8-58

图 8-59

2．拆分单元格

拆分单元格是合并单元格的逆操作，是指将一个单元格拆分为两个或两个以上单元格。

第1步 将光标定位在准备拆分的单元格中，单击【布局】选项卡，在【合并】组中单击【拆分单元格】按钮，如图 8-60 所示。

第2步 打开【拆分单元格】对话框，在【行数】和【列数】文本框中输入准备拆分的数值，确认数值后，单击【确定】按钮，如图 8-61 所示。

图 8-60

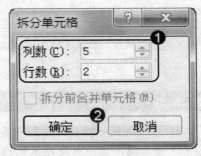

图 8-61

第3步 通过以上操作，即可拆分单元格，如图 8-62 所示。

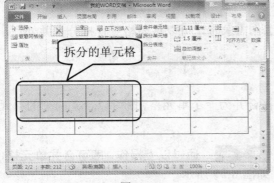

图 8-62

智慧锦囊

选中准备合并或拆分的单元格后右击，在弹出的快捷菜单中选择【合并单元格】或【拆分单元格】菜单项，也可实现合并或拆分单元格的操作。

Chapter >> 9

Excel 2010 基础操作

本 章 要 点

- 初识 Excel 2010
- 工作簿的基本操作
- 输入和编辑数据
- 单元格的基本操作
- 美化工作表

本章主要内容

本章将主要介绍启动 Excel 2010、退出 Excel 2010 和 Excel 2010 工作界面方面的知识与技巧，同时还将讲解工作簿的基本操作、输入和编辑数据、单元格的基本操作、美化工作表等方面的操作方法与技巧。通过本章的学习，读者可以掌握 Excel 2010 基础操作方面的知识，为深入学习电脑知识奠定基础。

9.1 初识 Excel 2010

Excel 2010 是微软公司的办公软件 Office 2010 的组件之一，是由 Microsoft 为安装 Windows 和 Apple Macintosh 操作系统的电脑编写的一款试算表软件。Excel 是微软办公软件的一个重要组成部分，它可以进行各种数据的处理、统计分析和辅助决策操作，广泛应用于管理、统计、财经、金融等众多领域。

9.1.1 启动 Excel 2010

Excel 2010 软件是一款办公类软件，广泛应用于会计与金融业。在使用 Excel 2010 软件前需要先启动该软件，下面介绍如何启动 Excel 2010。

第 1 步 单击【开始】按钮，在弹出的【开始】菜单中选择【所用程序】菜单项，如图 9-1 所示。

第 2 步 弹出【所有程序】菜单，依次选择【Microsoft Office】→【Microsoft Excel 2010】菜单项，如图 9-2 所示。

图 9-1

图 9-2

第 3 步 通过以上操作，即可启动 Excel 2010，如图 9-3 所示。

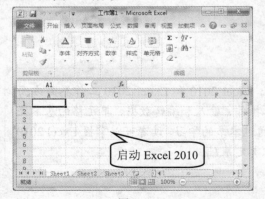

图 9-3

智慧锦囊

Excel 2010 新增了 Sparklines 特性，可根据用户选择的数据直接在单元格内画出折线图、柱状图等，并配有 Sparklines 设计面板供用户自定义样式。

9.1.2 Excel 2010 的工作界面

Excel 2010 与之前版本相比，无论是功能还是外观上都有较大的更新，配合 Windows 7 系统的视觉感更加美观。该软件的工作界面主要由快速访问工具栏、标题栏、功能区、编辑栏、行标题、列标题、工作区、滚动条、工作表标签、状态栏共 10 个部分组成，如图 9-4 所示。

图 9-4

- 标题栏：它位于工作界面最上方，包括文档和程序的名称、【最小化】按钮 ▬ 、【最大化】按钮 ▫ 、【还原按钮】按钮 ▫ 和【关闭】按钮 ✕ 。
- 快速访问工具栏：它位于工作界面的左上方，用于快速执行一些操作命令，如保存、打开、新建等，用户可以根据自己的需要对快速访问工具栏进行自定义修改。
- 功能区：它位于标题栏下方，由【文件】、【开始】、【插入】、【页面布局】、【公式】、【数据】、【审阅】、【视图】、【加载项】共 9 个选项卡组成，每个选项卡中都有功能相对应的操作命令。
- 编辑栏：位于功能区下方，用于显示和编辑当前活动单元格中的数据或公式。编辑栏主要由【名称框】、【按钮组】、【编辑框】3 部分组成。
- 列标题和行标题：它们分别位于工作区的上方和左侧，用于显示工作进度的列数和行数。
- 工作区：它们分别位于工作界面中间，是 Excel 2010 的主要工作区域，用于输入文字、数据、表格和编辑等操作。
- 滚动条：它们分别位于工作区的右侧和右下方，用于查看窗口中超过屏幕显示范围而未显示出来的内容，包括水平滚动条和垂直滚动条。
- 工作表标签：它位于工作区的左下方，用于显示工作表的名称，并且通过工作表标签左边的按钮，可以对工作表进行切换。

● 状态栏：它位于工作界面的最下方，用于查看页面信息和调节显示比例等操作。

9.1.3　退出 Excel 2010

在 Excel 2010 软件中完成表格内容的编辑后，如果用户不准备继续使用 Excel 2010 了，可以退出 Excel 2010，以免对用户使用其他软件造成不必要的麻烦。

第1步　在【Microsoft Excel】窗口的功能区中，单击【文件】选项卡，然后选择【退出】菜单项，如图 9-5 所示。

第2步　在【Microsoft Excel】窗口的标题栏中单击【关闭】按钮即可退出 Excel 2010，如图 9-6 所示。

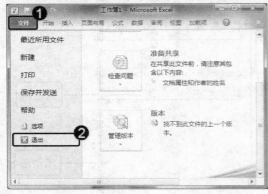

图 9-5

图 9-6

◆ **知识拓展**

　　用户通过单击窗口左上方的 Excel 2010 图标，在弹出的下拉菜单中选择【关闭】菜单项，同样可以退出 Excel 2010 软件；按组合键【Alt】+【F4】键，也可以关闭窗口退出 Excel 2010 软件。在用户退出 Excel 2010 前，如果没有对内容进行保存，软件会弹出一个提示对话框提醒用户保存已编辑完的内容。

9.2　工作簿的基本操作

在 Excel 2010 中，用来储存并处理工作数据的文件叫做工作簿。每一本工作簿可以拥有许多不同的工作表，最多可建立 255 个工作表。认识了 Excel 2010 的工作界面，并且掌握了启动和退出 Excel 2010 的操作方法后，下面就来了解工作簿的相关知识。

9.2.1　新建与保存工作簿

启动 Excel 2010 软件后，系统会自动生成一个空白的工作簿【工作簿 1】，用户如果需要打开一个新的工作簿进行输入和编辑，可以将当前的工作簿进行保存，然后再新建一个工作簿即可。

1. 保存工作簿

【第1步】 打开【Microsoft Excel】窗口，单击【文件】选项卡，如图 9-7 所示。

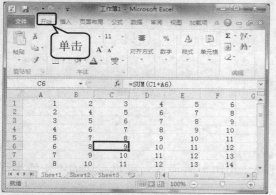

图 9-7

【第2步】 进入【文件】选项卡界面，在窗口左侧选择【保存】菜单项，如图 9-8 所示。

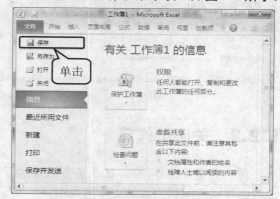

图 9-8

【第3步】 打开【另存为】对话框，选择准备保存的位置，如选择【桌面】；在【文件名】文本框中输入保存的名称，如输入【工作簿1】，单击【保存】按钮，如图 9-9 所示。

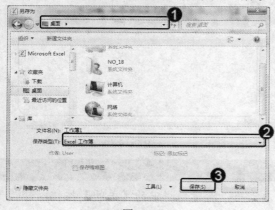

图 9-9

【第4步】 通过以上操作，即可将【工作簿1】保存到桌面上，如图 9-10 所示。

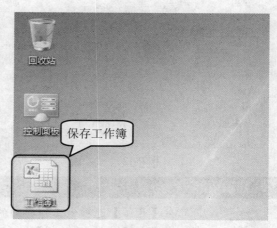

图 9-10

2. 新建工作簿

【第1步】 单击【文件】选项卡，选择【新建】菜单项，在【可用模板】区域内双击【空白工作簿】选项，如图 9-11 所示。

【第2步】 通过以上操作，即可新建一个空白工作簿【工作簿2】，如图 9-12 所示。

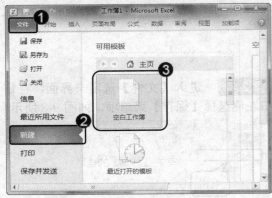

图 9-11

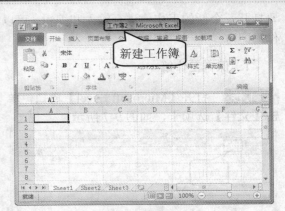

图 9-12

9.2.2 关闭工作簿

用户在保存工作簿后，如果需要继续运行 Excel 2010 软件而不对编辑完成的工作簿进行更改，可以将编辑完成的工作簿关闭。

第 1 步 打开【Microsoft Excel】窗口，单击【文件】选项卡，选择【关闭】菜单项，如图 9-13 所示。

第 2 步 通过以上操作，即可关闭工作簿，如图 9-14 所示。

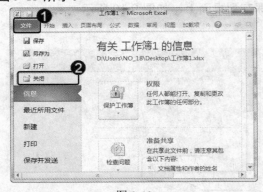

图 9-13

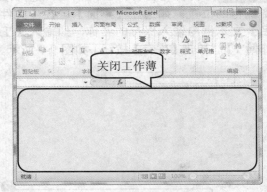

图 9-14

◆ **知识拓展**

　　在【开始】选项卡工作界面的右上角，除标题栏中的【关闭】按钮以外，在功能区内还有一个【关闭】按钮，单击该按钮也可以关闭工作簿而不退出 Excel 2010 软件。

9.2.3 打开工作簿

当用户准备使用 Excel 2010 对保存过的工作簿进行查看或修改时，可以在 Excel 2010 中打开工作簿。

第 1 步　打开【Microsoft Excel】窗口，单击【文件】选项卡，选择【打开】菜单项，如图 9-15 所示。

图 9-15

第 2 步　打开【打开】对话框，选择要打开文件所在的位置，如选择【工作簿 1】，单击【打开】按钮，如图 9-16 所示。

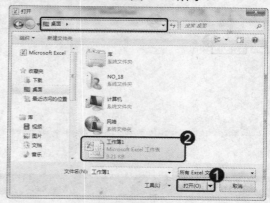

图 9-16

第 3 步　通过以上操作，即可打开【工作簿 1】，如图 9-17 所示。

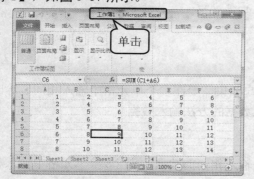

图 9-17

智慧锦囊

在【文件】选项卡工作界面中，选择【最近所用文件】菜单项，可以查看最近编辑过的 Excel 文件，双击该文件即可打开。

在保存工作簿的位置，找到工作簿文件的图标，双击该图标也可以打开该工作簿。

9.3　输入和编辑数据

使用 Excel 2010 可以进行各种数据的处理、统计分析和辅助决策操作，在进行这些操作前，首先需要在表格中输入数据，然后对这些数据进行编辑。

9.3.1　输入数据

使用 Excel 2010 软件最基本也是最重要的操作就是输入数据，输入的数据可以是文字、数字或符号等。一般输入数据的方法有两种，分别是在单元格中输入或在编辑栏中输入。

第 1 步　打开【Microsoft Excel】窗口，双击准备输入数据的单元格，输入数据，如输入【123】，单击【输入】按钮，如图 9-18 所示。

第 2 步　打开【Microsoft Excel】窗口，单击准备输入数据的单元格，在编辑栏中输入数据，如输入【123】，单击【输入】按钮，如图 9-19 所示。

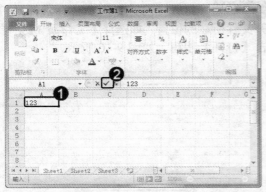

图 9-18

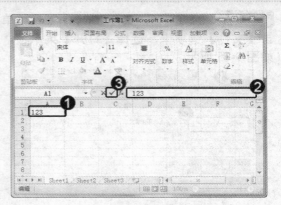

图 9-19

◆ **知识拓展**

  在 Excel 2010 软件中，用户不仅可以在单元格中输入数值，还可以输入文字、图片、公式、艺术字、符号、日期等数据。

9.3.2 快速填充数据

Excel 2010 的工作表中有无数个单元格，用户如果需要在多个单元格中输入相同、等比或等差等数据会很麻烦，这时可以使用快速填充数据的方法输入数据。

1. 快速输入相同的数据

在几个单元格中可以通过复制与粘贴的方法输入相同的数据，但在多个单元格中输入相同的数据，用户可以通过填充数据的方法来完成。

（1）方法 1

第 1 步　选择准备复制的单元格，单击【复制】按钮，如图 9-20 所示。

第 2 步　选择准备粘贴的单元格，单击【粘贴】按钮，通过以上操作，即可输入相同数据，如图 9-21 所示。

图 9-20

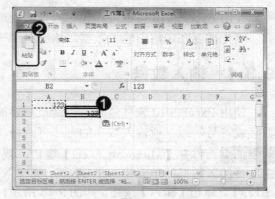

图 9-21

（2）方法 2

第1步 拖动准备复制的单元格右下角到指定位置，单击【自动填充选项】按钮，然后选择【复制单元格】单选框，如图 9-22 所示。

第2步 通过以上操作，即可自动填充一行或一列的相同数据，如图 9-23 所示。

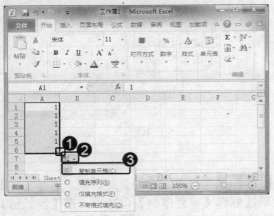

图 9-22

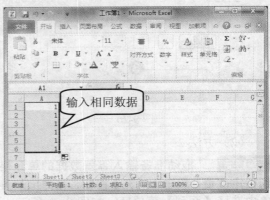

图 9-23

（3）方法 3

第1步 拖动准备输入相同数据的单元格到指定位置，在编辑栏中输入数据，按组合键【Ctrl】+【Enter】键，如图 9-24 所示。

第2步 通过以上操作，即可快速填充区域内的相同数据，如图 9-25 所示。

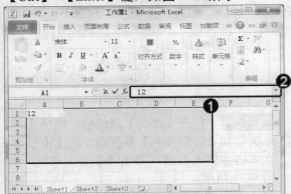

图 9-24

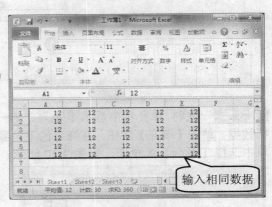

图 9-25

2．快速输入等差数据

如果需要在多个单元格中输入等差数据，用户可以通过填充数据的方法来完成。

（1）方法 1

第1步 拖动准备复制单元格的右下角，到指定位置停止，单击【自动填充选项】按钮，然后选择【填充序列】单选框，如图 9-26 所示。

第2步 通过以上操作，即可自动填充一行或一列等差为 1 的序列数据，如图 9-27 所示。

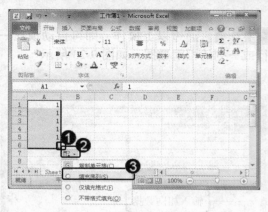

图 9-26

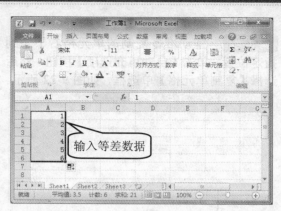

图 9-27

（2）方法 2

第 1 步 拖动准备输入等差数据的单元格到指定位置，单击【填充】按钮，在弹出的菜单中选择【系列】菜单项，如图 9-28 所示。

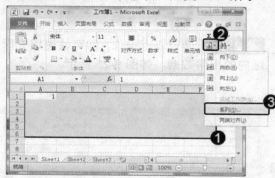

图 9-28

第 3 步 此时，单元格中显示等差为 2 的一行数据，单击【填充】按钮，在弹出的下拉菜单中选择【系列】菜单项，如图 9-30 所示。

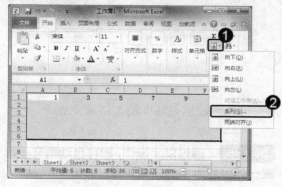

图 9-30

第 2 步 打开【序列】对话框，选择【行】单选框和【等差序列】单选框，在【步长值】文本框中输入数值，单击【确定】按钮，如图 9-29 所示。

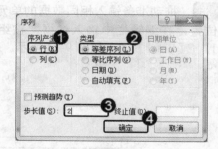

图 9-29

第 4 步 打开【序列】对话框，选择【列】单选框和【等差序列】单选框，在【步长值】文本框中输入数值，单击【确定】按钮，如图 9-31 所示。

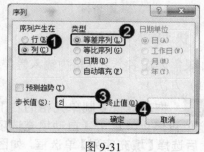

图 9-31

第 5 步 通过以上操作,即可快速填充区域内的等差数据,如图 9-32 所示。

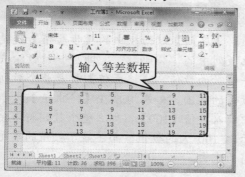

图 9-32

 智慧锦囊

【序列】对话框中的【步长值】就是等差数列中的"公差数",即后一位数减去前一位数的数值。【终止值】就是整个数列中数值的范围,如果用户在【终止值】文本框中输入数值【10】,那么整个数列将不会显示比 10 大的数值,而不显示数值的单元格将为空白。

3. 快速输入等比数据

如果需要在多个单元格中输入等比数据,用户可以通过填充数据的方法来完成。

第 1 步 拖动准备输入等比数据的单元格到指定位置,单击【填充】按钮,选择【系列】菜单项,如图 9-33 所示。

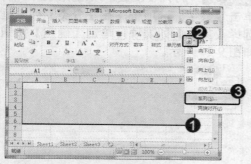

图 9-33

第 2 步 打开【序列】对话框,选择【行】单选框和【等比序列】单选框,在【步长值】文本框中输入数值,单击【确定】按钮,如图 9-34 所示。

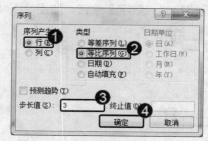

图 9-34

第 3 步 此时,单元格中显示等比为 3 的一行数据,单击【填充】按钮,选择【系列】菜单项,如图 9-35 所示。

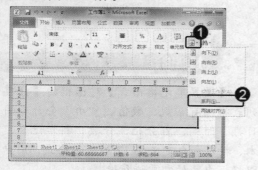

图 9-35

第 4 步 打开【序列】对话框,选择【列】单选框和【等比序列】单选框,在【步长值】文本框中输入数值,单击【确定】按钮,如图 9-36 所示。

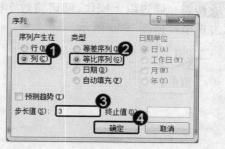

图 9-36

第5步 通过以上操作，即可快速填充区域内的等比数据，如图 9-37 所示。

图 9-37

智慧锦囊

【序列】对话框中的【步长值】就是等比数列中的"公比数"，即后一位数除去前一位数的数值。【终止值】就是整个数列中数值的范围，如果用户在【终止值】文本框中输入数值【100】，那么整个数列将不会显示比 100 大的数值，而不显示数值的单元格将为空白。

9.3.3 设置数据格式

在 Excel 2010 软件中，输入的数据可以是数字，而数字的格式可以根据用户的需要进行更改，如数值、货币、日期、时间等。

第1步 单击【开始】选项卡，选择准备更改格式的单元格，单击【数字】组中的【设置单元格格式：数字】按钮，如图 9-38 所示。

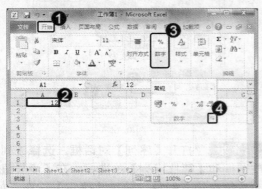

图 9-38

第3步 通过以上操作，即可将数字格式设置为货币，如图 9-40 所示。

图 9-40

第2步 打开【设置单元格格式】对话框，单击【数字】选项卡，在【分类】列表框中选择【货币】列表项，单击【确定】按钮，如图 9-39 所示。

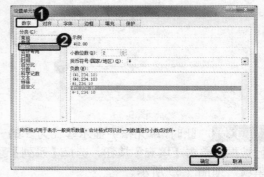

图 9-39

智慧锦囊

【设置单元格格式】对话框的【分类】列表框中有常规、数值、货币、会计专用、日期、时间、百分比、分数、科学记数、文本、特殊和自定义共 12 种数字格式，用户可以根据自己的需要进行选择。

9.4 单元格的基本操作

Excel 2010 软件的工作簿是由多个工作表组成，而工作表由无数个单元格组成，用户输入数据都需要在单元格中完成。用户还可以根据个人需要对单元格进行设置，如插入单元格、删除单元格、合并单元格、拆分单元格、设置单元格的行高与列宽。

9.4.1 插入与删除单元格

如果用户需要在工作表某个单元格的周围添加或删除数据，可以在指定位置插入或删除单元格。

1. 插入单元格

第 1 步 单击【开始】选项卡，选择准备插入单元格的位置，然后单击【单元格】组中的【插入】下拉按钮，选择【插入单元格】菜单项，如图 9-41 所示。

第 2 步 打开【插入】对话框，选择【活动单元格下移】单选框，然后单击【确定】按钮，如图 9-42 所示。

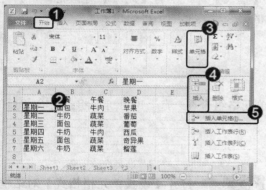

图 9-41

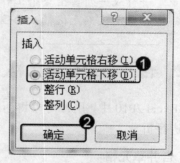

图 9-42

2. 删除单元格

第 3 步 通过以上操作，即可插入单元格，如图 9-43 所示。

第 1 步 选择准备删除的单元格，然后单击【单元格】组中的【删除】下拉按钮，选择【删除单元格】菜单项，如图 9-44 所示。

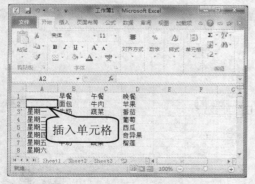

图 9-43

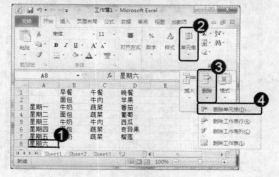

图 9-44

第 2 步 打开【删除】对话框，选择【下方单元格上移】单选框，然后单击【确定】按钮，如图 9-45 所示。

第 3 步 通过以上操作，即可删除单元格，如图 9-46 所示。

图 9-45

图 9-46

◆ **知识拓展**

在 Excel 2010 软件中，用户不仅可以插入或删除一个单元格，还可以插入一行或一列甚至整个工作表。通过【插入】对话框与【删除】对话框，用户可以自定义单元格插入的位置与单元格删除后其他单元格的位置。

9.4.2 合并与拆分单元格

在 Excel 2010 中，用户可以将两个或多个单元格组合在一起，也可可以将拆分合并后的单元格进行拆分。

1. 合并单元格

第 1 步 单击【开始】选项卡，拖动选择准备合并的单元格，单击【对齐方式】组中的【设置单元格格式：对齐方式】按钮，如图 9-47 所示。

第 2 步 打开【设置单元格格式】对话框，单击【对齐】选项卡，然后选择【合并单元格】复选框，单击【确定】按钮，如图 9-48 所示。

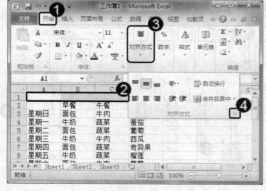

图 9-47

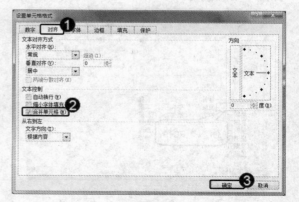

图 9-48

第3步 通过以上操作，即可将多个单元格合并成一个单元格，如图 9-49 所示。

2. 拆分单元格

第1步 单击【开始】选项卡，拖动选择准备拆分的单元格，单击【对齐方式】组中的【设置单元格格式：对齐方式】按钮，如图 9-50 所示。

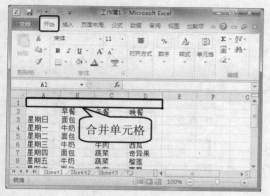

图 9-49

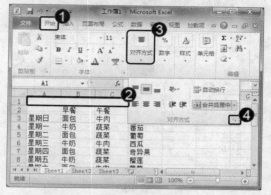

图 9-50

第2步 打开【设置单元格格式】对话框，单击【对齐】选项卡，取消选择【合并单元格】复选框，单击【确定】按钮，如图 9-51 所示。

第3步 通过以上操作，即可拆分合并后的单元格，如图 9-52 所示。

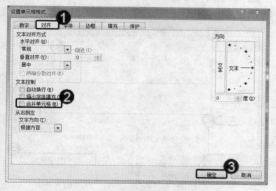

图 9-51

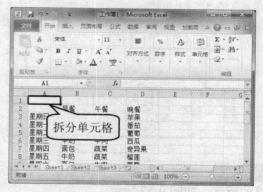

图 9-52

9.4.3 设置单元格行高和列宽

在单元格中输入数据时，可能会出现数据的长短和单元格的尺寸不匹配的情况，用户可以根据个人需要，对单元格的行高和列宽进行设置。

1．手动或自动设置单元格行高

行高是指工作表中整行单元格的高度，用户可以根据个人需要选择手动或自动更改行高的数值。

（1）手动设置行高

第1步 单击【开始】选项卡，拖动选择准备改变行高的单元格，单击【单元格】组中的【格式】下拉按钮，在弹出的下拉菜单中选择【行高】菜单项，如图 9-53 所示。

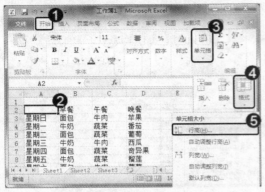

图 9-53

第2步 打开【行高】对话框，在【行高】文本框中输入准备应用的数值，如输入【50】，单击【确定】按钮，如图 9-54 所示。

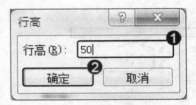

图 9-54

第3步 通过以上操作，即可手动设置单元格的行高，如图 9-55 所示。

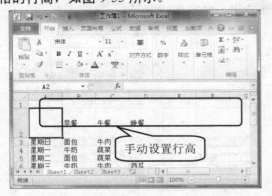

图 9-55

第2步 通过以上操作，即可自动设置单元格的行高，如图 9-57 所示。

图 9-57

（2）自动设置行高

第1步 单击【开始】选项卡，拖动选择准备改变行高的单元格，单击【单元格】组中的【格式】下拉按钮，在弹出的下拉菜单中选择【自动调整行高】菜单项，如图 9-56 所示。

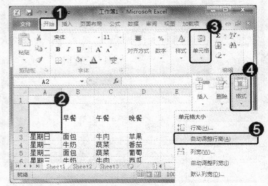

图 9-56

智慧锦囊

手动设置行高可以根据用户的个人需要，按照输入的数值改变整行单元格的高度，而自动调整行高是将其他单元格的高度与该行最大单元格的高度相统一。

2. 手动或自动设置单元格列宽

列宽是指工作表中整列单元格的宽度，用户可以根据个人需要选择手动或自动更改列宽的数值。

（1）手动设置列宽

第1步 单击【开始】选项卡，拖动选择准备改变列宽的单元格，然后单击【单元格】组中的【格式】下拉按钮，选择【列宽】菜单项，如图 9-58 所示。

第2步 打开【列宽】对话框，在【列宽】文本框中输入准备应用的数值，如输入【20】，单击【确定】按钮，如图 9-59 所示。

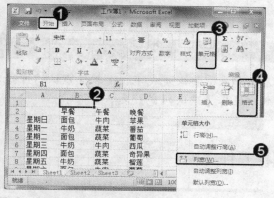

图 9-58

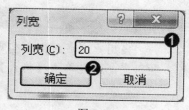

图 9-59

（2）自动设置列宽

第3步 通过以上操作，即可手动设置单元格的列宽，如图 9-60 所示。

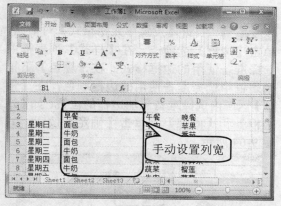

图 9-60

第1步 单击【开始】选项卡，拖动选择准备改变列宽的单元格，单击【单元格】组中的【格式】下拉按钮，在弹出的下拉菜单中选择【自动调整列宽】菜单项，如图 9-61 所示。

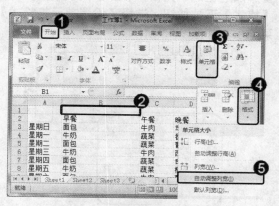

图 9-61

第2步 通过以上操作，即可自动设置单元格的列宽，如图 9-62 所示。

图 9-62

智慧锦囊

手动设置列宽可以根据用户的个人需要，按照输入的数值改变整列单元格的宽度，而自动调整列宽是将其他单元格的宽度与该列最大单元格的宽度相统一。

◆ **知识拓展**

当用户完成行高和列宽的设置后，如果需要恢复成 Excel 软件默认的行高和列宽，通过单击【格式】下拉按钮，选择【默认列宽】菜单项即可。

9.5　美化工作表

输入与编辑完工作表中的数据后，通过添加表格边框、添加背景颜色和底纹样式、设置工作表样式等操作，可以美化工作表，使工作表更加完善。

9.5.1　添加表格边框

第 1 步　单击【开始】选项卡，拖动选择准备添加边框的单元格，单击【单元格】组中的【格式】下拉按钮，选择【设置单元格格式】菜单项，如图 9-63 所示。

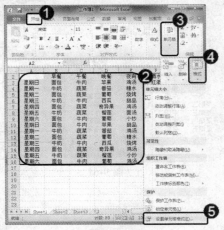

图 9-63

第 2 步　打开【设置单元格格式】对话框，单击【边框】选项卡，在【样式】列表框中选择准备使用的边框样式，在【颜色】下拉列表框中选择准备使用的边框颜色，在【预置】区域内选择准备添加边框的位置，如【外边框】和【内部】，单击【确定】按钮，如图 9-64 所示。

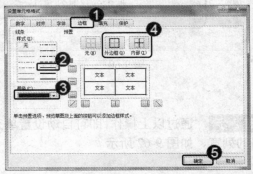

图 9-64

第3步 通过以上操作,即可为工作表添加
表格边框,如图9-65所示。

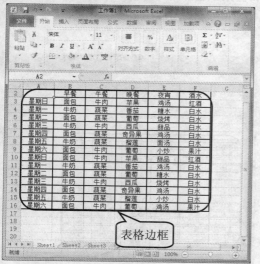

图 9-65

在【边框】选项卡中,用户还可以根据
个人的需要选择是否添加上边框、中间横边
框、下边框、左边框、中间垂直边框、右边
框、斜框等。

9.5.2 添加背景颜色和底纹样式

第1步 单击【开始】选项卡,拖动选择准
备设置填充效果的单元格,单击【单元格】组
中的【格式】下拉按钮,选择【设置单元格格
式】菜单项,如图9-66所示。

第2步 打开【设置单元格格式】对话框,
单击【填充】选项卡,然后单击【填充效果】
按钮,如图9-67所示。

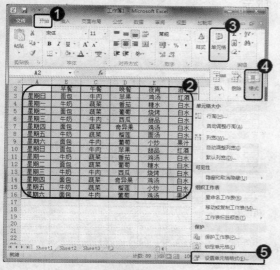

图 9-66

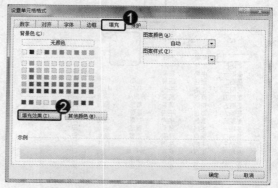

图 9-67

第3步 打开【填充效果】对话框，在【颜色】区域内选择准备使用的颜色，在【底纹样式】区域内选择准备使用的样式，单击【确定】按钮，如图 9-68 所示。

第4步 通过以上操作，即可为工作表添加背景颜色和底纹样式，效果如图 9-69 所示。

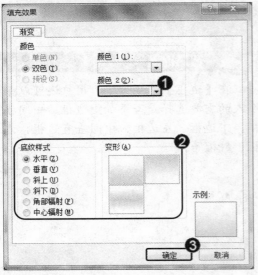

图 9-68

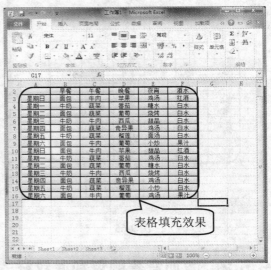

图 9-69

9.5.3 设置工作表样式

第1步 单击【开始】选项卡，然后单击【样式】组中的【套用表格格式】按钮，如图 9-70 所示。

第2步 在弹出的【套用表格格式】下拉菜单中选择准备使用的表格格式，如图 9-71 所示。

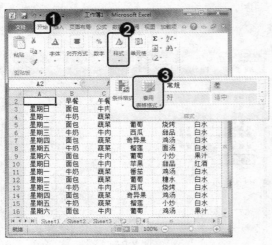

图 9-70

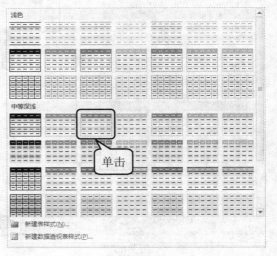

图 9-71

第3步 打开【套用表格式】对话框，在【表数据的来源】文本框中输入准备套用格式的范围，单击【确定】按钮，如图 9-72 所示。

第4步 通过以上操作，即可完成工作表样式的设置，如图 9-73 所示。

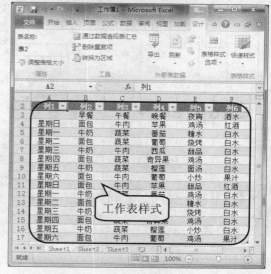

图 9-73

套用表格式

表数据的来源(W)：

=$A$2:$F$16

☐ 表包含标题(M)

确定　取消

图 9-72

◆ **知识拓展**

工作表样式套用完成后，在【设计】选项卡中通过【表格样式选项】组，用户还可以完善工作表的样式。

Chapter >> 10

PowerPoint 2010 基础操作

本 章 要 点

- 初识 PowerPoint 2010
- PowerPoint 的基本操作
- 幻灯片的基本操作
- PowerPoint 中的文本处理
- 美化演示文稿
- 设置幻灯片的动画效果
- 放映幻灯片

本章主要内容

　　本章将主要介绍启动 PowerPoint 2010、PowerPoint 2010 工作界面和退出 PowerPoint 2010 方面的知识与技巧，同时还将讲解创建演示文稿和保存演示文稿方面的知识。在本章的最后还针对实际的工作需求，讲解了设置幻灯片布局、设置幻灯片的背景颜色和放映幻灯片的方法。通过本章的学习，读者可以掌握 PowerPoint 2010 基础操作方面的知识，为深入学习 PowerPoint 2010 知识奠定基础。

10.1 初识 PowerPoint 2010

PowerPoint 2010 是 Microsoft 公司推出的 Office 2010 办公软件的组件之一，主要用于制作和演示幻灯片，是做报告、演讲、授课等必不可少的组件。使用 PowerPoint 2010 可以创建出形象生动、主次分明的幻灯片，本章将分别予以介绍。

10.1.1 启动 PowerPoint 2010

如果准备使用 PowerPoint 2010 制作幻灯片和演示幻灯片，那么首先应该学会启动 PowerPoint 2010。

第 1 步 单击【开始】按钮，在弹出的菜单中选择【所有程序】菜单项，如图 10-1 所示。

第 2 步 选择【Microsoft Office】菜单项，在弹出的菜单中选择【Microsoft PowerPoint 2010】菜单项，如图 10-2 所示。

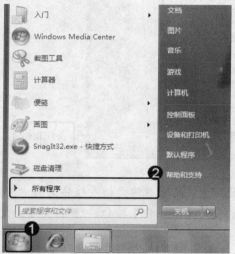

图 10-1

图 10-2

第 3 步 弹出【正在启动 PowerPoint 2010】界面，如图 10-3 所示。

第 4 步 通过以上操作，即可启动 PowerPoint 2010，如图 10-4 所示。

图 10-3

图 10-4

10.1.2　PowerPoint 2010 的工作界面

启动 PowerPoint 2010 后，即可进入 PowerPoint 2010 工作界面。PowerPoint 2010 工作界面主要由标题栏、快速访问工具栏、功能区、大纲/幻灯片区、幻灯片窗格、虚线边框标识占位符、备注窗格、状态栏、视图切换按钮等，如图 10-5 所示，下面详细介绍其组成部分。

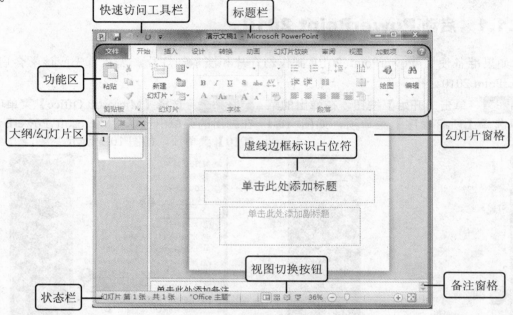

图 10-5

- 标题栏：它位于 PowerPoint 工作界面的最上方，显示当前文档或程序名称，在标题栏的右侧还包括窗口【关闭】按钮 ✕、窗口【最小化】按钮 ━ 和窗口【最大化】按钮 ▢。

- 快速访问工具栏：其中包括【PowerPoint】按钮 P、【保存】按钮 ▤、【重复显示大纲】按钮 ↺ 和【自定义快速访问工具栏】按钮 ▾。

- 功能区：它由选项卡、组和按钮组成，每个选项卡分为不同组，而组又是根据功能划分的。

- 大纲/幻灯片区：它包括【大纲】选项卡、【幻灯片】选项卡和【关闭】按钮 ✕，单击【大纲】选项卡，在其下方将以大纲形式列出当前演示文稿中各张幻灯片文本的内容，用户可以快速切换幻灯片并进行文本编辑。单击【幻灯片】选项卡，在其下方显示当前演示文稿中所有幻灯片的缩略图，用户可以快速切换准备查看的幻灯片，但无法编辑幻灯片的内容。

- 幻灯片窗格：在幻灯片窗格中的任意位置右击，在弹出的快捷菜单中选择菜单项，可以执行相应的操作。

- 虚线边框标识占位符：在虚线边框标识占位符中，可以插入文本、图片、图表和其他对象。

● 备注窗格：在备注窗格中，可以添加说明性的文字和图片，如果将演示文稿保存成 Web 页格式，那么在 Web 浏览器中浏览该演示文稿时，会显示备注，但不能够显示图片等对象。此时幻灯片标题变成了演示文稿中的目录，备注会显示在每张幻灯片的下面，可以充当演讲者的角色。

● 状态栏：它位于 PowerPoint 窗口的最下方，包括幻灯片编号、主题名称、语言、视图切换按钮、幻灯片缩放级别和显示比例，单击【缩放级别】按钮，可以打开【显示比例】对话框。

● 视图切换按钮：它包括【普通视图】按钮、【幻灯片浏览】按钮、【阅读视图】按钮和【幻灯片放映】按钮，单击其中的按钮可以执行相应的操作。

10.1.3　退出 PowerPoint 2010

如果准备不再使用 PowerPoint 2010，那么应该将其退出，这样可以节省计算机磁盘空间。下面详细介绍退出 PowerPoint 2010 的方法。

1．通过【PowerPoint】按钮退出

在 PowerPoint 2010 窗口中，右击窗口标题栏左侧的【PowerPoint】按钮，在弹出的快捷菜单中选择【关闭】菜单项，如图 10-6 所示。

2．通过【关闭】按钮退出

在 PowerPoint 2010 窗口中，单击窗口标题栏右侧的【关闭】按钮，即可退出 PowerPoint 2010，如图 10-7 所示。

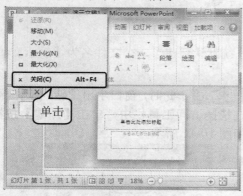
图 10-6

图 10-7

3．通过功能区退出

在功能区中单击【文件】选项卡，选择【退出】菜单项，如图 10-8 所示。

4．通过标题栏退出

在标题栏的空白位置右击，在弹出的快捷菜单中选择【关闭】菜单项，即可退出 PowerPoint 2010，如图 10-9 所示。

图 10-8

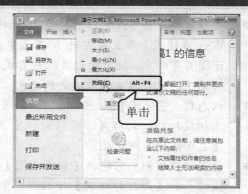

图 10-9

10.2 PowerPoint 的基本操作

通过 PowerPoint 2010 制作与编辑幻灯片前，首先应该学会 PowerPoint 2010 的基本操作。PowerPoint 2010 的基本操作包括创建演示文稿、保存演示文稿、关闭演示文稿和打开演示文稿。

10.2.1 创建演示文稿

由 PowerPoint 所建立的文件称为演示文稿，演示文稿是由一系列组织在一起的幻灯片组成的，每个幻灯片都可以有独立的标题、说明文字等。

1. 创建空白演示文稿

启动 PowerPoint 2010 后，Windows 7 操作系统默认新建了一个文件名为【演示文稿 1】的演示文稿。

第1步 在快速访问工具栏中，单击【自定义快速访问工具栏】按钮，在弹出菜单中选择【新建】菜单项，如图 10-10 所示。

第2步 此时，窗口中出现新的工作界面，在快速访问工具栏中，单击【新建】按钮，如图 10-11 所示。

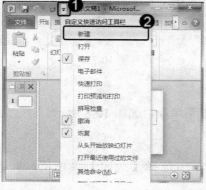

图 10-10

图 10-11

第3步 通过以上操作，即可创建空白的
演示文稿，此时，标题栏中出现文件名为【演
示文稿2】的空白演示文稿，如图 10-12 所示。

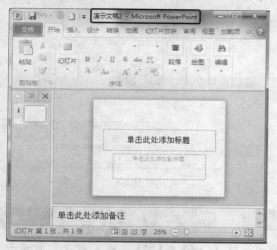

图 10-12

智慧锦囊

在大纲/幻灯片区中，单击【大纲】选项
卡，在其下方以大纲形式列出当前演示文稿
中幻灯片文本的内容，在其中，可以快速切
换幻灯片并进行文本编辑。

单击【幻灯片】选项卡，可以查看幻灯
片的缩略图。

2. 根据模板新建演示文稿

根据模板新建演示文稿，可以先确定幻灯片的背景、色彩、字体、字号和动画方式等。

第1步 在 PowerPoint 窗口的功能区中，
单击【文件】选项卡，选择【新建】菜单项，
如图 10-13 所示。

第2步 在 PowerPoint 窗口的【可用的模
板和主题】区域中，单击【样本模板】图标，
如图 10-14 所示。

图 10-13

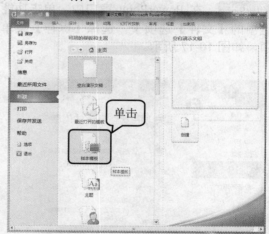

图 10-14

第3步 此时，窗口出现新的界面，单击准
备选择的模板，在窗口右侧单击【创建】按钮，
如图 10-15 所示。

第4步 通过以上操作，即可根据模板新
建演示文稿，如图 10-16 所示。

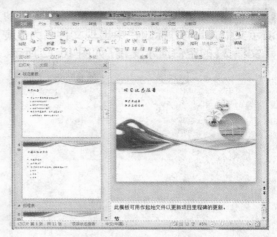

图 10-15　　　　　　　　　　　　　　　　　　　图 10-16

◆ **知识拓展**

在 PowerPoint 2010 窗口中，按组合键【Ctrl】+【N】，也可新建空白演示文稿。

10.2.2　保存演示文稿

在 PowerPoint 2010 中，完成演示文稿制作与编辑后，应该学会将演示文稿保存到计算机磁盘中，以方便日后查看。

第1步　在 PowerPoint 窗口中，单击功能区中的【文件】选项卡，选择【保存】菜单项，如图 10-17 所示。

第2步　打开【另存为】对话框，在对话框的导航窗格中，选择准备保存演示文稿的目标位置，如选择【本地磁盘(E:)】。在【文件名】文本框中，输入准备保存的文件名，如输入【我的演示文稿】，单击【保存】按钮，如图 10-18 所示。

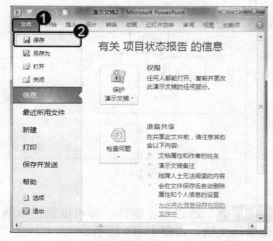

图 10-17

图 10-18

第 3 步 通过以上操作，即可保存演示文稿，如图 10-19 所示。

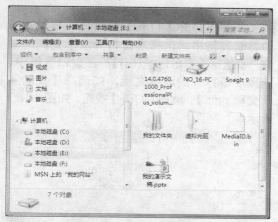

图 10-19

智慧锦囊

在 PowerPoint 2010 窗口中，按组合键【Ctrl】+【S】，也可以打开【另存为】对话框。

在窗口的快速访问工具栏中，单击【保存】按钮，也可以保存演示文稿。

10.2.3 关闭演示文稿

在 PowerPoint 2010 中完成演示文稿的编辑、保存后，如果准备不再使用 PowerPoint 2010，那么应该将其关闭。

第 1 步 在 PowerPoint 窗口的功能区中，单击【文件】选项卡，选择【关闭】菜单项，如图 10-20 所示。

第 2 步 通过以上操作，即可关闭演示文稿，如图 10-21 所示。

图 10-20

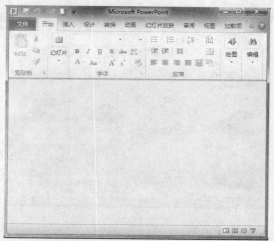

图 10-21

10.2.4 打开演示文稿

如果准备查看已保存的演示文稿，那么可以打开演示文稿。打开演示文稿有两种方法，一种是通过窗口功能区打开，另一种是通过快速访问工具栏打开。

1. 通过窗口功能区打开

第 1 步　在窗口功能区中单击【文件】选项卡，然后选择【打开】菜单项，如图 10-22 所示。

图 10-22

第 3 步　通过以上操作，即可打开演示文稿，如图 10-24 所示。

图 10-24

2. 通过快速访问工具栏打开

第 1 步　在 PowerPoint 窗口的快速访问工具栏中，单击【自定义快速访问工具栏】按钮，选择【打开】菜单项，如图 10-25 所示。

第 2 步　打开【打开】对话框，在对话框的导航窗格中，选择准备打开演示文稿的磁盘，如选择【本地磁盘(E:)】。在窗口区域中，选择准备打开的演示文稿，如选择【我的演示文稿.pptx】，单击【打开】按钮，如图 10-23 所示。

图 10-23

智慧锦囊

在 PowerPoint 2010 演示文稿窗口中，按组合键【Ctrl】+【O】，也可以打开【打开】对话框，在其中选择保存过演示文稿的目标磁盘，然后单击准备打开的演示文稿，最后单击【打开】按钮，也可以打开演示文稿。

第 2 步　此时，PowerPoint 窗口中出现新的工作界面，在快速访问工具栏中，单击【打开】按钮，如图 10-26 所示。

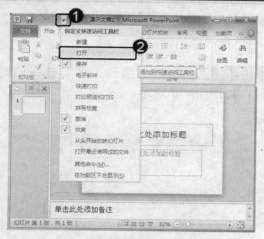

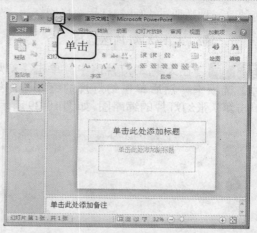

图 10-25

图 10-26

第3步 打开【打开】对话框，在对话框导航窗格中，单击准备打开演示文稿的磁盘，如单击【本地磁盘(E:)】，在窗口区域中，选择准备打开的演示文稿，如选择【我的演示文稿.pptx】，单击【打开】按钮，如图 10-27 所示。

第4步 通过以上操作，即可打开演示文稿，如图 10-28 所示。

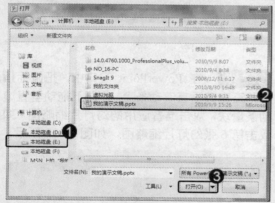

图 10-27

图 10-28

10.3 幻灯片的基本操作

演示文稿是由一系列组织在一起的幻灯片组成的，如果准备创建出一个完美的演示文稿，那么应该从幻灯片的基本操作开始学习。幻灯片的基本操作包括选择幻灯片、插入幻灯片、移动和复制幻灯片，下面分别予以详细介绍。

10.3.1 选择幻灯片

在 PowerPoint 2010 中，进行幻灯片的编辑时，首先应该选择幻灯片。选择幻灯片的方式有两种，一种是通过大纲/幻灯片选择幻灯片，另一种是通过幻灯片浏览视图按钮选择幻灯片。

1. 通过大纲/幻灯片区选择

第1步 在大纲/幻灯片区中，单击【幻灯片】选项卡，然后单击幻灯片的缩略图，如单击第7张幻灯片的缩略图，如图10-29所示。

第2步 通过以上操作，即可选择幻灯片，如图10-30所示。

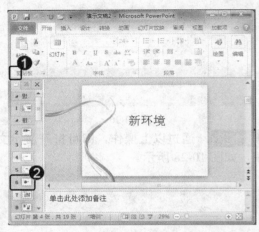

图 10-29

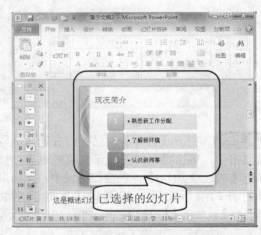

图 10-30

2. 通过【幻灯片浏览】视图按钮选择

第1步 在 PowerPoint 窗口的状态栏中，单击【幻灯片浏览】视图按钮，如图10-31所示。

第2步 在 PowerPoint 窗口中，把鼠标指针移至窗口垂直滚动条上，并向下拖动垂直滚动条滑块，双击准备应用的幻灯片缩略图，如双击第6张幻灯片缩略图，如图10-32所示。

图 10-31

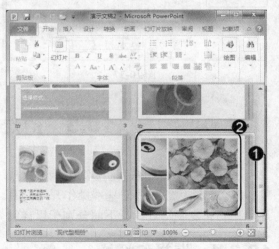

图 10-32

第3步 通过以上操作，即可选择幻灯片，如图10-33所示。

图 10-33

在 PowerPoint 2010 窗口的大纲/幻灯片区中，单击【大纲】选项卡，在其下方可以查看每张幻灯片的文本内容。

把鼠标指针移至窗口垂直滚动条上，并向下拖动垂直滚动条滑块，可以查看幻灯片窗格中的全部内容。

10.3.2 插入幻灯片

在一个演示文稿中，通常需要创建多张幻灯片，这时就需要插入幻灯片。

第 1 步 在窗口大纲/幻灯片区中，单击【幻灯片】选项卡，单击准备插入新幻灯片的位置，如单击第 2 张幻灯片，然后单击【开始】选项卡，再单击【幻灯片】组中的【新建幻灯片】按钮，如图 10-34 所示。

第 2 步 通过以上操作，即可在第 2 张幻灯片下方插入了新幻灯片，如图 10-35 所示。

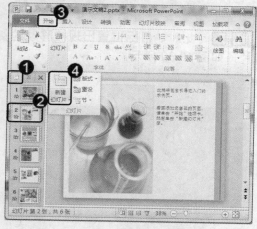

图 10-34

图 10-35

 ◆ 知识拓展

在 PowerPoint 2010 窗口的功能区中，单击【开始】选项卡，然后在【幻灯片】组中单击【版式】按钮，在弹出的版式库中，选择 PowerPoint 2010 默认的版式模板，可以更改幻灯片的版式。

10.3.3 移动和复制幻灯片

移动幻灯片是指把已存在的幻灯片移动至指定位置，源位置的幻灯片消失。复制幻灯片是指把已存在的幻灯片复制至指定位置，但源位置的幻灯片仍然存在。

1．移动幻灯片

第1步 在 PowerPoint 窗口的大纲/幻灯片区中，单击【幻灯片】选项卡，选择准备移动的幻灯片，如选择第 2 张幻灯片。在窗口功能区中单击【开始】选项卡，然后单击【剪贴板】组中的【剪切】按钮，如图 10-36 所示。

第2步 此时，大纲/幻灯片区中的【幻灯片】选项卡下方第 2 张幻灯片消失，如图 10-37 所示。

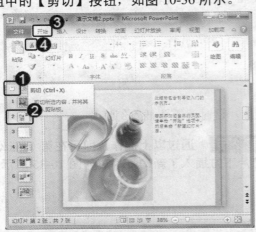

图 10-36

图 10-37

第3步 在【幻灯片】选项卡下方，单击准备插入幻灯片的目标位置，再单击【开始】选项卡，在【剪贴板】组中单击【粘贴】按钮，如图 10-38 所示。

第4步 此时，目标位置出现被移动的幻灯片，如图 10-39 所示。

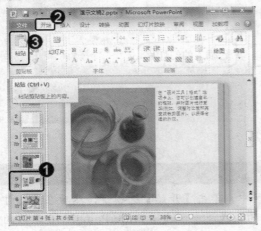

图 10-38

图 10-39

◆ 知识拓展

在 PowerPoint 窗口中，选择准备移动的幻灯片，按组合键【Ctrl】+【X】可以剪切幻灯片；按组合键【Ctrl】+【V】，可以粘贴幻灯片。

2．复制幻灯片

在 PowerPoint 2010 中，可以创建幻灯片副本，也就是复制幻灯片，从而方便幻灯片的编辑操作。

第1步 在大纲/幻灯片区中，选择准备复制的幻灯片，在窗口功能区中单击【开始】选项卡，在【剪贴板】组中，单击【复制】按钮，如图 10-40 所示。

第2步 单击准备复制幻灯片的目标位置，在窗口功能区中单击【开始】选项卡，在【剪贴板】组中，单击【粘贴】按钮，如图 10-41 所示。

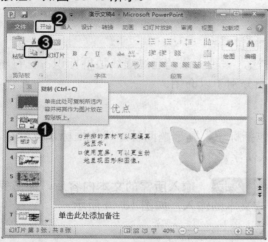

图 10-40

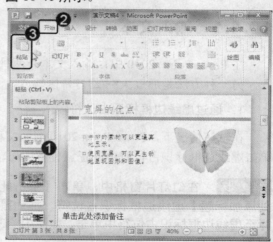

图 10-41

第3步 通过以上操作，即可复制幻灯片，如图 10-42 所示。

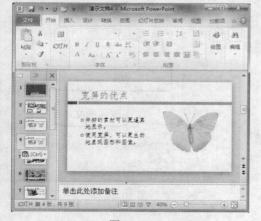

图 10-42

智慧锦囊

在 PowerPoint 2010 窗口的大纲/幻灯片区中，单击【大纲】选项卡，在其下方可以查看每张幻灯片的文本内容。

在 PowerPoint 2010 窗口中，选择准备复制的幻灯片，按组合键【Ctrl】+【C】，可以完成复制操作。

◆ **知识拓展**

使用鼠标拖动准备复制的幻灯片，同样可以复制幻灯片，方法如下：选择准备移动的幻灯片，按住键盘上的【Ctrl】键，同时拖动鼠标指针至准备复制幻灯片的目标位置，此时松开【Ctrl】键，即可复制幻灯片。

10.4 PowerPoint 中的文本处理

在 PowerPoint 2010 中，如果准备用演示文稿表达用户的观点，那么需要在制作的幻灯片中添加文字。PowerPoint 中的文本处理包括输入文本、编辑文本、设置文本格式，下面分别予以介绍。

10.4.1 输入文本

在 PowerPoint 2010 中，输入文本有两种方法，一种方法是通过虚线边框标识占位符输入，另一种方法是通过大纲/幻灯片区输入，下面分别予以介绍。

1．通过虚线边框标识占位符输入

在默认情况下，PowerPoint 2010 演示文稿包括标题、副标题两种虚线边框标识占位符，单击虚线边框标识占位符中的任意位置即可输入文字。

第 1 步　在幻灯片窗格中，单击【单击此处添加标题】虚线边框标识占位符，拖动鼠标至虚线边框标识占位符中单击，如图 10-43 所示。

第 2 步　输入所需的文本内容后，即可完成文本的输入，如图 10-44 所示。

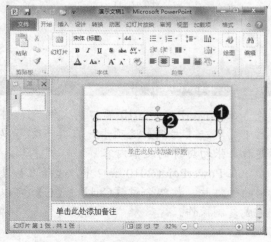

图 10-43

图 10-44

2. 通过大纲/幻灯片区输入

通过大纲/幻灯片区输入文本是指：在大纲/幻灯片区中单击【大纲】选项卡，在其下方输入文本。

第1步 在窗口大纲/幻灯片区中，单击【大纲】选项卡，移动鼠标指针至准备输入文本的幻灯片图标后面单击，如图 10-45 所示。

第2步 在幻灯片图标后面，输入准备输入的文本，如输入【第九章】，如图 10-46 所示。

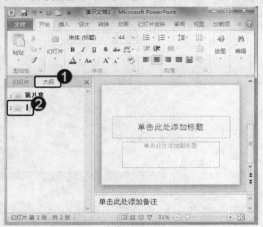

图 10-45

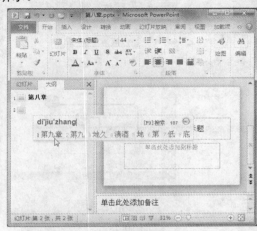

图 10-46

第3步 通过以上操作，即可输入文本，如图 10-47 所示。

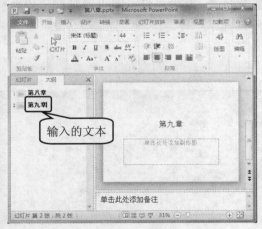

图 10-47

智慧锦囊

在幻灯片图标后输入文本，按下组合键【Ctrl】+【Enter】，可以在该幻灯片中建立下一级小标题。

输入完小标题后，按【Enter】键，可以再建立同层次的另一个标题。

将光标插入小标题处，按【Tab】键，可以将小标题降低一级，按组合键【Shift】+【Tab】，可以将小标题提升一级，直到把小标题提升为幻灯片标题为止。

10.4.2 更改虚线边框标识占位符

在虚线边框标识占位符中，可以插入文本、图片、图表和其他对象，此外，还可以更改虚线边框标识占位符。更改虚线边框标识占位符包括调整虚线边框标识占位符的大小和调整虚线边框标识占位符的位置，下面分别予以介绍。

1. 调整虚线边框标识占位符的大小

第1步 单击准备调整大小的占位符，此时，占位符的各边和各角出现方形和圆形的尺寸控制点，移动鼠标指针至控制点上，拖动鼠标到合适位置，如图 10-48 所示。

第2步 松开鼠标，即可调整虚线边框标识占位符大小，如图 10-49 所示。

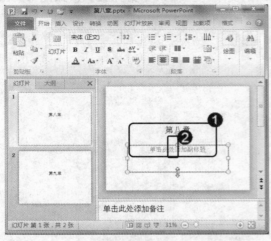

图 10-48

图 10-49

2. 调整虚线边框标识占位符的位置

第1步 单击准备调整位置的虚线边框标识占位符，此时占位符的各边和各角出现方形和圆形的尺寸控制点，移动鼠标指针至占位符上（除控制点外），此时光标变为 ✥ 形状，拖动鼠标到合适位置，如图 10-50 所示。

第2步 松开鼠标，即可调整虚线边框标识占位符位置，如图 10-51 所示。

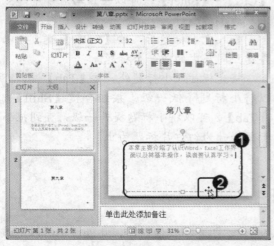

图 10-50

图 10-51

◆ 知识拓展

在调小虚线边框标识占位符时，按【Shift】键，可以等比例缩小虚线边框标识占位符。

10.4.3 设置文本格式

设置文本格式包括设置文本字体、设置文本字号、设置文本颜色、设置文本字符间距，下面分别予以详细介绍。

1. 设置文本字体

第1步 在演示文稿的幻灯片窗格中，选择准备设置字体的文本，单击【开始】选项卡，在【字体】组中单击右下角的字体【启动器】按钮，如图 10-52 所示。

第2步 打开【字体】对话框，在【中文字体】下拉列表框中选择准备应用的字体，如选择【黑体】，单击【确定】按钮，如图 10-53 所示。

图 10-52

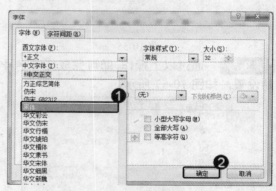

图 10-53

第3步 通过以上操作，即可设置文本字体，如图 10-54 所示。

图 10-54

智慧锦囊

在 PowerPoint 2010 演示文稿窗口中，单击【开始】选项卡，在【字体】组中单击【字体】下拉箭头，在弹出的字体下拉菜单中也可以选择准备应用的字体。

在【字体】组中，单击【下划线】按钮，可以为文本添加下划线。

2. 设置文本字号

第1步 在幻灯片窗格的虚线边框标识占位符中，选择准备设置字号的文本，在演示文稿窗口的功能区中单击【开始】选项卡，单击【字体】组右下角的【启动器】按钮，如图10-55 所示。

第2步 打开【字体】对话框，单击【大小】微调框箭头，使其数值符合准备设置字号的大小，如调整为【50】，单击【确定】按钮，如图 10-56 所示。

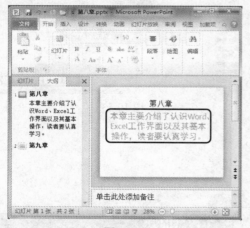

图 10-55

图 10-56

第3步 通过以上操作，即可完成文本字号的设置，如图 10-57 所示。

图 10-57

智慧锦囊

在 PowerPoint 2010 幻灯片窗格中，选择准备设置字号的文本，单击窗口功能区中的【开始】选项卡，然后在【字体】组中单击【字号】按钮，也可以选择准备设置的字号。

◆ **知识拓展**

在 PowerPoint 2010 幻灯片窗格中，单击窗口功能区中的【开始】选项卡，在【绘图】组中单击【形状】按钮，在弹出的【形状】库中可以选择用户感兴趣的形状，插入到虚线边框标识占位符中，达到美化幻灯片的效果。

在【绘图】组中，单击【排列】按钮，在弹出的【排列】库中可以排列对象、放置对象和组合对象。

3. 设置文本颜色

第1步 在虚线边框标识占位符中，选择准备设置颜色的文本，单击窗口功能区中的【开始】选项卡，在【字体】组中单击【字体颜色】下拉箭头，在弹出的下拉菜单中选择准备设置的文本颜色，如选择【深蓝色】，如图 10-58 所示。

第2步 通过以上操作，即可将文本颜色变为深蓝色，如图 10-59 所示。

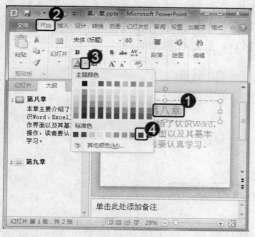

图 10-58

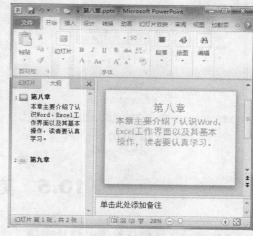

图 10-59

4. 设置文本字符间距

第1步 在虚线边框标识占位符中，选择准备设置字符间距的文本，单击【开始】选项卡，然后单击【字体】组右下角的【启动器】按钮，如图 10-60 所示。

第2步 打开【字体】对话框，在【间距】列表框中选择准备设置文本间距的类型，如选择【紧缩】。单击【度量值】微调框箭头，使其数值符合准备设置的度量值，单击【确定】按钮，如图 10-61 所示。

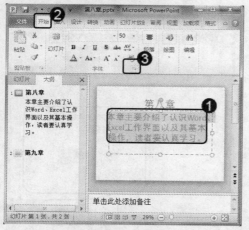

图 10-60

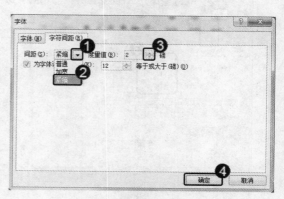

图 10-61

第3步 通过以上操作，即可将文本字符间距设置为【2】磅，如图 10-62 所示。

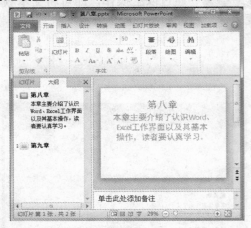

图 10-62

智慧锦囊

在 PowerPoint 幻灯片窗格的虚线边框标识占位符中，选择准备设置字符间距的文本，然后单击窗口功能区中的【开始】选项卡，在【字体】组中单击【字符间距】按钮，也可以设置文本字符间距。

10.5 美化演示文稿

美化演示文稿包括设置幻灯片布局、设置幻灯片背景、插入图片和插入声音，下面分别予以详细介绍。

10.5.1 设置幻灯片布局

第1步 单击【开始】选项卡，在【幻灯片】组中单击【新建幻灯片】下拉箭头，在弹出的 Office 库中选择有内容的 Office 标题，如选择【标题和内容】，如图 10-63 所示。

第2步 此时，PowerPoint 2010 幻灯片窗格出现新的工作界面，如图 10-64 所示。

图 10-63

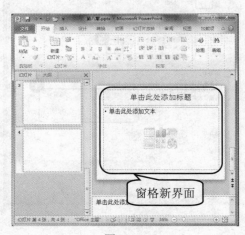

图 10-64

第3步 在标题占位符中输入标题，如输入【保护动物】；在文本占位符中输入文本，如输入【保护动物人人有责】，如图 10-65 所示。

第4步 单击【插入】选项卡，在【插图】组中单击【SmartArt】按钮，如图 10-66 所示。

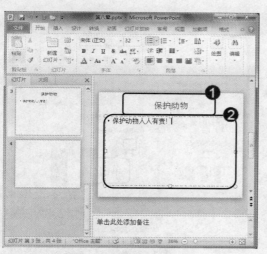

图 10-65

图 10-66

第5步 打开【选择 SmartArt 图形】对话框，在列表框中选择图形，如选择【图片重点列表】，单击【确定】按钮，如图 10-67 所示。

第6步 此时，幻灯片窗格中出现新的工作界面，单击 SmartArt 图形左侧的箭头，如图 10-68 所示。

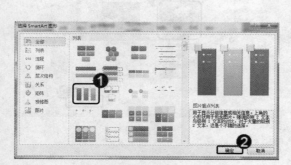

图 10-67

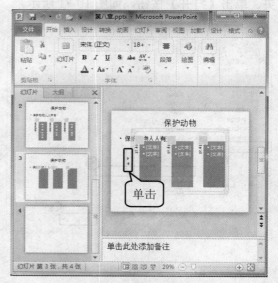

图 10-68

第7步 打开【在此处键入文字】对话框，在所有的文本区域中输入文本，单击【关闭】按钮，如图 10-69 所示。

第8步 此时，PowerPoint 幻灯片窗格中出现新的工作界面，单击【图片图标】按钮，如图 10-70 所示。

图 10-69

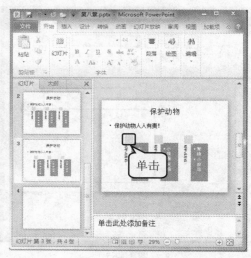

图 10-70

第9步 打开【插入图片】对话框，在导航窗格中选择准备插入图片的目标磁盘，在对话框工作区中，选择准备插入图片的目标文件夹，单击【打开】按钮，如图 10-71 所示。

第10步 此时，【插入图片】对话框中出现新的工作界面，选择准备插入的图片，如选择【4.jpg】，然后单击【插入】按钮，如图 10-72 所示。

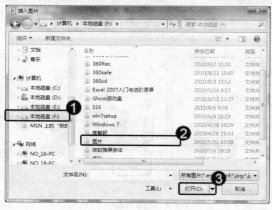

图 10-71

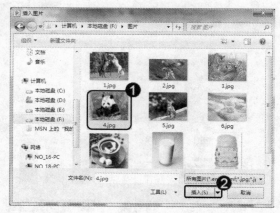

图 10-72

第11步 通过以上操作，即可完成幻灯片布局的设置，如图 10-73 所示。

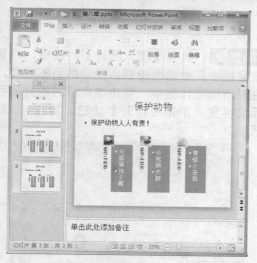

图 10-73

在 PowerPoint 2010 幻灯片窗格的虚线边框标识占位符中，移动鼠标指针至文本框上，当鼠标指针变为✥形状时，按住鼠标左键并拖动，可以将文本框拖动至目标位置。

◆ **知识拓展**

在 PowerPoint 2010 演示文稿的幻灯片窗格中，移动鼠标指针至备注窗格边框上，当鼠标指针变为➕形状时，拖动鼠标可以改变备注窗格的大小。

在备注窗格中，单击任意位置，可以输入幻灯片的备注信息。

10.5.2 设置幻灯片的背景颜色

第 1 步 在 PowerPoint 2010 幻灯片窗格中，选择准备改变颜色的幻灯片，然后单击【设计】选项卡，在【背景】组中单击【背景样式】按钮，如图 10-74 所示。

第 2 步 打开【背景样式】库，选择准备改变幻灯片背景的颜色，即可完成幻灯片背景颜色的设置，如图 10-75 所示。

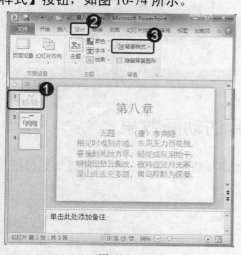

图 10-74

图 10-75

10.5.3 为幻灯片插入图片

第1步 选择准备插入图片的幻灯片，单击【插入】选项卡，在【图像】组中单击【图片】按钮，如图 10-76 所示。

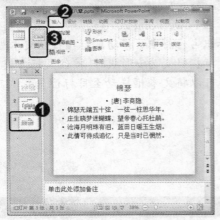

图 10-76

第2步 打开【插入图片】对话框，在导航窗格中，单击准备插入图片的目标磁盘，在对话框工作区中，单击准备插入图片的目标文件夹，单击【打开】按钮，如图 10-77 所示。

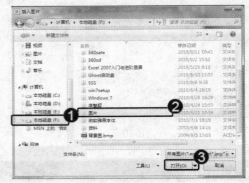

图 10-77

第3步 此时，对话框中出现新的工作界面，选择准备插入的图片，如选择【蝴蝶.jpg】，然后单击【插入】按钮，如图 10-78 所示。

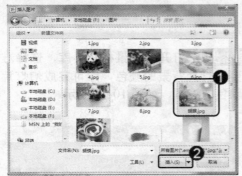

图 10-78

第4步 通过以上操作，即可为幻灯片插入图片，如图 10-79 所示。

图 10-79

10.6 设置幻灯片的动画效果

制作完演示文稿后，应该学会在幻灯片中添加动画效果。设置幻灯片动画效果包括选择动画方案和自定义动画，下面分别予以详细介绍。

10.6.1 选择动画方案

动画方案包括缩放、擦除、弹跳、旋转等，用户可以根据自己的爱好自行选择方案。

第 1 步 选择准备应用动画方案的对象，单击【动画】选项卡，再选择准备应用的动画方案，如图 10-80 所示。

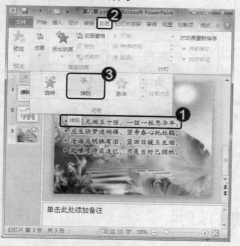

图 10-80

第 2 步 通过以上操作，即可应用选择的动画方案，如图 10-81 所示。

图 10-81

10.6.2 自定义动画

在 PowerPoint 2010 演示文稿的幻灯片窗格中，可以自定义动画。

第 1 步 选择准备自定义动画的对象，单击【动画】选项卡，在【高级动画】组中单击【添加动画】按钮，如图 10-82 所示。

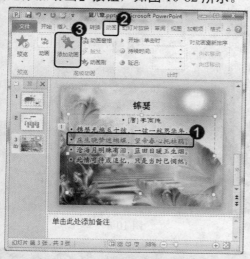

图 10-82

第 2 步 弹出【添加动画】库，单击【更多进入效果】菜单项，如图 10-83 所示。

图 10-83

第 3 步 打开【添加进入效果】对话框，选择准备自定义动画的类型，单击【确定】按钮，如图 10-84 所示。

第 4 步 通过以上操作，即可应用选择的自定义动画，如图 10-85 所示。

图 10-84

图 10-85

10.7　放映幻灯片

幻灯片动画设置结束后，可以放映幻灯片。放映幻灯片可以有多种方式，如从头开始放映、从当前幻灯片开始放映、自定义幻灯片放映等。下面以当前幻灯片开始放映为例，详细介绍在 PowerPoint 2010 演示文稿中，放映幻灯片的操作步骤。

第 1 步　在演示文稿窗口功能区中，单击【幻灯片放映】选项卡，在【开始放映幻灯片】组中单击【从当前幻灯片开始】按钮，如图 10-86 所示。

第 2 步　通过以上操作，即可放映幻灯片，如图 10-87 所示。

图 10-86

图 10-87

◆ **知识拓展**

在放映过程中右击幻灯片，在弹出的快捷菜单中，可以选择放映上一张或下一张幻灯片。

第 3 篇 上网冲浪与聊天

3

Chapter >> 11

上网冲浪

本章主要内容

　　本章将主要介绍连接网络、建立 ASDL 宽带连接和 IE 浏览器工作界面方面的知识与技巧，同时还将讲解如何输入网址打开网页和使用超链接浏览网页。在本章的最后还针对实际的工作需求，讲解了收藏网页、整理收藏夹和保存网页的方法。通过本章的学习，读者可以掌握网上冲浪基础操作方面的知识，为深入学习计算机知识奠定基础。

11.1　连接网络

随着网络技术的发展，网络已经成为人们日常生活工作中不可缺少的一部分，用户使用电脑连接到因特网上，可以浏览到众多消息。网络中的信息包罗万象，可以在网上查看新闻、体育、股票、音乐、旅游和收发电子邮件等。

11.1.1　认识互联网

互联网，即广域网、局域网及单机按照一定的通讯协议组成的国际计算机网络，是将两台计算机或者两台以上的计算机终端、客户端、服务端通过计算机信息技术的手段互相联系起来的结果。使用互联网可以与远在千里之外的朋友相互发送邮件、QQ 聊天视频、共同完成一项工作、共同娱乐等。

1．在互联网上发送邮件

电子邮件也称为"E-mail"，是一种使用电子手段提供信息交换的通信方式，在互联网上可以收发邮件，如图 11-1 所示为 QQ 邮箱的界面。

2．在互联网上 QQ 视频聊天

在互联网上，可以通过 QQ 等聊天软件与同事、朋友或亲戚等人进行视频聊天，交流感情，如图 11-2 所示。

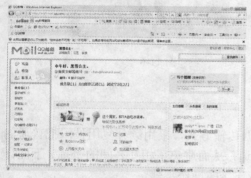

图 11-1　　　　　　　　　　　　　　　　　图 11-2

3．在互联网上查询信息

互联网上有很多与日常生活息息相关的信息，使用 IE 浏览器在互联网上可以查询任何准备查询的信息，如查看天气预报，如图 11-3 所示。

4．在互联网上发布信息

网络上人与人之间的互动非常方便，通过 BBS、网络社区等公共网站，可以在互联网上发布用户准备发布的信息或求助于热心网友的消息，如在百度贴吧发表"遇到困难怎么办"消息，如 11-4 所示。

图 11-3   图 11-4

5．休闲娱乐

在互联网上，可以在线收看电视节目和电影、听音乐等，从而可以在休闲时间丰富自己的业余生活。如图 11-5 所示为酷 6 免费在线观看电影的界面。

6．在互联网上购物

我们可以足不出户在互联网上购买国内的任何物品，在网上购物既省时间又可以买到物美价廉的商品。如图 11-6 所示为淘宝购物网的界面。

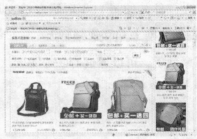

图 11-5   图 11-6

11.1.2 建立 ADSL 宽带连接

ADSL（非对称数字用户环路）是一种新的数据传输方式，采用频分复用技术把普通的电话线分成了电话、上行和下行 3 个相对独立的信道，从而避免了相互之间的干扰。下面详细介绍在 Windows 7 操作系统中，建立 ADSL 宽带连接的操作步骤。

第1步 单击【开始】按钮，选择【控制 **第2步** 单击【查看方式】下拉箭头，选面板】菜单项，如图 11-7 所示。   择【小图标】菜单项，如图 11-8 所示。

图 11-7   图 11-8

第 3 步 【控制面板】窗口出现新的界面，向下拖动窗口垂直滚动条，然后单击【网络和共享中心】链接项，如图 11-9 所示。

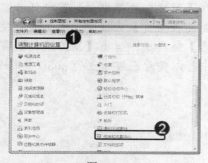

图 11-9

第 4 步 打开【网络和共享中心】窗口，在【更改网络设置】区域中，单击【设置新的连接或网络】链接项，如图 11-10 所示。

图 11-10

第 5 步 打开【设置连接或网络】对话框，在【选择一个连接选项】区域中，单击【连接到 Internet】链接项，然后单击【下一步】按钮，如图 11-11 所示。

图 11-11

第 6 步 打开【连接到 Internet】对话框，进入【您想如何连接】界面，单击【宽带(PPPoe)(R)】链接项，如图 11-12 所示。

图 11-12

第 7 步 进入【键入您的 Internet 服务提供商(ISP)提供的信息】工作界面，在【用户名】文本框中输入用户名，在【密码】文本框中输入密码，单击【连接】按钮，如图 11-13 所示。

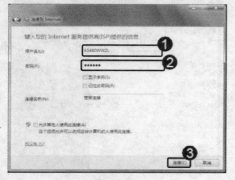

图 11-13

第 8 步 进入【正在连接到宽带连接】工作界面，界面显示【正在连接，通过 WAN Minport(pppoE)】的信息，如图 11-14 所示。

图 11-14

第9步 通过以上操作，即可建立 ADSL 宽带连接，如图 11-15 所示。

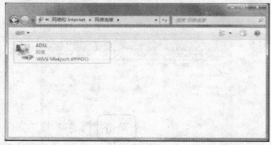

图 11-15

智慧锦囊

在【网络和共享中心】窗口任务窗格的【控制面板主页】区域中，单击【更改适配器设置】链接项，弹出【网络连接】窗口，在其中可以查看已经建立的 ADSL 宽带连接。

11.2 IE 浏览器

IE（Internet Explorer，简称 IE）浏览器是指可以显示网页服务器或者文件系统的 HTML（超文本标记语言，是 WWW 的描述语言）文件内容，并让用户与这些文件交互的一种软件。网页浏览器主要通过 HTTP（超文本传输协议，所有的 WWW 文件都必须遵守这个标准）协议与网页服务器交互并获取网页，这些网页由 URL（网址）指定。一个网页中可以包含多个文档，每个文档都是分别从服务器获取的，大部分的浏览器本身支持包含 HTML 在内的广泛格式，如 JPEG、PNG、GIF 等图像格式，并且能够扩展支持众多的插件。

11.2.1 启动与退出 IE 浏览器

1. 启动 IE 浏览器

IE 浏览器被捆绑作为所有新版本的 Windows 操作系统中的默认浏览器，如果准备使用浏览器，那么首先应该学会如何启动 IE 浏览器。

第1步 单击【开始】按钮，选择【所有程序】菜单项，如图 11-16 所示。

第2步 在弹出的菜单中，选择【Internet Explorer】菜单项，如图 11-17 所示。

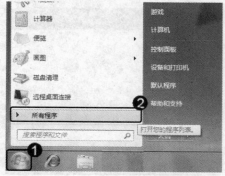

图 11-16

图 11-17

第 3 步　通过以上操作，即可启动 IE 浏览器，如图 11-18 所示。

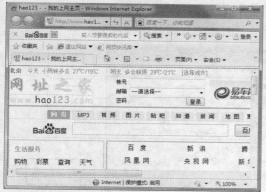

图 11-18

2. 退出 IE 浏览器

如果准备不再使用 IE 浏览器，为了节省磁盘空间，那么应该将 IE 浏览器退出。退出 IE 浏览器有以下两种方法。

（1）通过 IE 图标退出。单击 IE 浏览器窗口标题栏左侧的 IE 图标，在弹出的菜单中选择【关闭】菜单项，即可退出 IE 浏览器，如图 11-19 所示。

（2）通过【关闭】按钮退出。在 IE 浏览器窗口中，单击标题栏右侧的【关闭】按钮，也可退出 IE 浏览器，如图 11-20 所示。

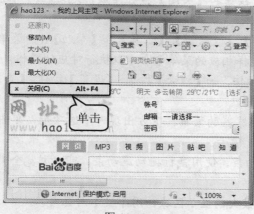

图 11-19

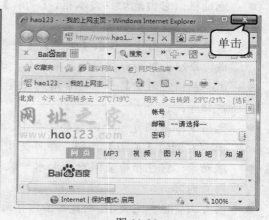

图 11-20

◆　**知识拓展**

按组合键【Alt】+【F4】，也可以退出 IE 浏览器。

11.2.2　IE 浏览器的工作界面

IE 浏览器工作界面主要由标题栏、搜索栏、地址栏、菜单栏、工具栏、选项卡、滚动条、网页浏览区和状态栏组成，如图 11-21 所示，下面详细介绍其组成部分。

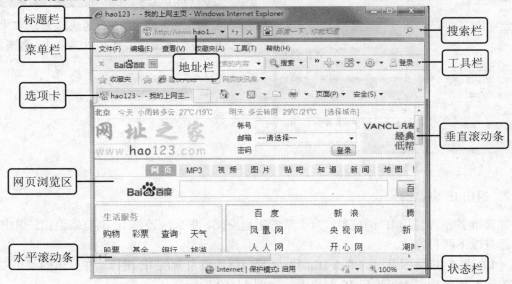

图 11-21

- 标题栏：它位于 IE 浏览器窗口最上方，包括 IE 图标和窗口按钮。
- 搜索栏：它用于搜索各种疑难问题，如系统出现故障、浏览器出现空白页等。
- 地址栏：它由地址栏文本框、【刷新】按钮和【关闭】按钮组成，地址栏的用途是输入网址或显示当前网页的网址。
- 菜单栏：它由【文件】、【编辑】、【查看】、【收藏夹】、【工具】和【帮助】6 组菜单组成，每组菜单都有相应的菜单命令，选择相应的菜单命令可以执行对应的操作。
- 工具栏：它用于显示一些常用的工具按钮，如【搜索】按钮、【设置】按钮、【查看】按钮等。
- 选项卡：每浏览一个网页都会在 IE 浏览器的菜单栏下方出现一个选项卡，单击选项卡右侧的【关闭】按钮，即可关闭选项卡。
- 滚动条：它包括垂直滚动条和水平滚动条，使用鼠标拖动滚动条，可以浏览全部的网页内容。
- 网页浏览区：它是 IE 浏览器工作界面最大的显示区域，用于显示网页内容。
- 状态栏：它位于 IE 浏览器的最下方，用于显示当前网页的详细信息。

11.2.3　浏览网页信息

启动 IE 浏览器后，应该学会浏览网页信息。在 IE 浏览器地址栏文本框中，输入准备浏览网页的网址，打开网页信息界面。单击准备浏览的超链接（从一个网页指向一个目标的连接关系，这个目标可以是另一个网页，也可以是相同网页上的不同位置），也即可浏览相应的网页。

1. 输入网址打开网页

在 IE 浏览器窗口的地址文本框中输入准备浏览网页的网址后，按【Enter】键或单击地址栏右侧的【转到】按钮，即可打开网页。

第 1 步 在地址文本框中输入准备浏览网页的网址，如输入【http://www.baidu.com】，单击【转到】按钮，如图 11-22 所示。

第 2 步 通过以上操作，即可打开输入网址的网页信息界面，如图 11-23 所示。

图 11-22

图 11-23

2. 使用超链接浏览网页

超链接是指从一个网页指向一个目标的连接关系，这个目标可以是另一个网页，也可以是相同网页上的不同位置，还可以是一个图片、一个电子邮件地址、一个文件，甚至是一个应用程序。如果把鼠标指针移至超链接上，那么鼠标指针就会变成一只手的形状，单击超链接后，那么链接目标将显示在浏览器上。

第 1 步 打开准备浏览的网页，如淘宝网首页，单击准备查看的超链接，如单击【电器城】超链接，如图 11-24 所示。

第 2 步 通过以上操作，即可使用超链接浏览网页，如图 11-25 所示。

图 11-24

图 11-25

3．保存网上信息

在浏览网上信息的过程中，如果发现十分有用的信息、文本或图片，那么可以将其保存在磁盘中，以备以后查看。保存网上信息包括保存图片、保存文本和保存网页，下面分别介绍其操作步骤。

（1）保存图片

第1步 打开准备保存图片的网页，如打开【淘宝网】网页，在准备保存的图片上右击，在弹出的菜单中选择【图片另存为】菜单项，如图 11-26 所示。

第2步 打开【保存图片】对话框，在导航窗格中，选择准备保存图片的目标位置，如选择本地磁盘(D:)。在【文件名】文本框中，输入图片的名称，如输入【小牛】，单击【保存】按钮，如图 11-27 所示。

图 11-26

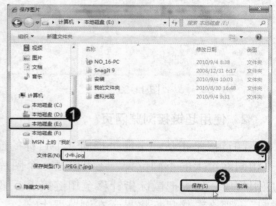

图 11-27

第3步 通过以上操作，即可保存图片，如图 11-28 所示。

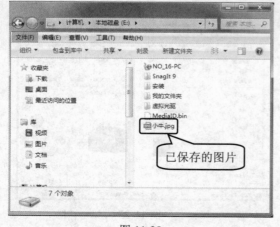

图 11-28

智慧锦囊

在已保存的图片上右击，在弹出的快捷菜单中选择【打开方式】菜单项，在弹出的子菜单中选择准备查看图片的软件，如选择【Windows 照片查看器】，即可查看图片。

（2）保存文本

第1步 打开准备保存文本的网页窗口，如个人图书馆网页，单击窗口菜单栏中的【文件】菜单，在弹出的菜单中选择【另存为】菜单项，如图 11-29 所示。

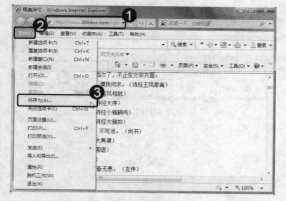

图 11-29

第3步 通过以上操作，即可保存文本，如图 11-31 所示。

图 11-31

第2步 打开【保存网页】对话框，选择准备保存文本的目标位置，如本地磁盘(E:)，在【文件名】文本框中输入文件名，如输入【精美诗句】，在【保存类型】下拉列表框中选择保存文本的类型，如选择【文本文件(*.txt)】，单击【保存】按钮，如图 11-30 所示。

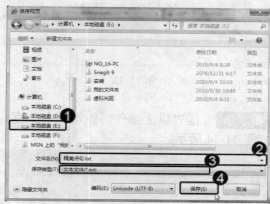

图 11-30

智慧锦囊

打开【计算机】窗口，在窗口左侧的导航窗格中单击【本地磁盘(E:)】链接项，在窗口显示区域中，即可查看已保存的文本。

◆ **知识拓展**

打开准备保存文本的网页，在网页窗口工具栏中，单击【页面】按钮，在弹出的菜单中选择【另存为】菜单项，也可以打开【另存为】对话框。

（3）保存网页

第1步 打开【百度一下，你就知道】窗口，单击窗口菜单栏中的【文件】菜单，在弹出的菜单中选择【另存为】菜单项，如图 11-32 所示。

第2步 打开【保存网页】对话框，单击准备保存网页的目标位置，如选择【本地磁盘(E:)】，在【文件名】文本框中输入文件名，如输入【百度】，在【保存类型】下拉列表框中选择保存的网页类型，如选择【网页，全部(*.htm.html)】，单击【保存】按钮，如图 11-33 所示。

图 11-32

图 11-33

第3步 通过以上操作，即可保存网页，如图 11-34 所示。

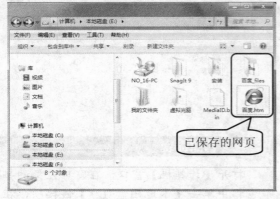

图 11-34

智慧锦囊

在【本地磁盘(E:)】窗口中，单击窗口工具栏中【更改您的视图】下拉按钮，在弹出的下拉菜单中可以选择准备查看视图的方式，如选择【中等图标】。

◆ **知识拓展**

在【本地磁盘(E:)】窗口中，单击【百度.htm】图标，可以打开已保存的百度首页。

11.3 收藏夹

在畅游 Internet 的过程中，每位用户都有自己喜欢的网页，每次上网都会浏览这些网页，为了避免每次上网都输入网址打开网页，可以在访问网页时，将其保存至 IE 浏览器的收藏夹中。

11.3.1　收藏网页

如果准备下一次上网时，可以快速打开自己喜欢的网页，那么可以通过收藏网页的操作来实现。

第1步　在 IE 浏览器的地址栏文本框中，输入人人网网址【http://www.xiaonei.com】，单击地址栏右侧的【转到】按钮 →，如图 11-35 所示。

第2步　弹出【人人网】窗口，单击窗口菜单栏中的【收藏夹】菜单，在弹出的菜单中选择【添加到收藏夹】菜单项，如图 11-36 所示。

图 11-35

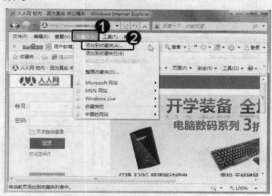

图 11-36

第3步　打开【添加收藏】对话框，在【名称】文本框中，输入准备添加收藏网页的名称，如输入【人人网 校内】，单击【添加】按钮，如图 11-37 所示。

第4步　通过以上操作，即可收藏【人人校内】网页。此时，在 IE 浏览器窗口的菜单栏中，单击【收藏夹】菜单，即可查看已收藏的网页，如图 11-38 所示。

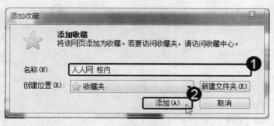

图 11-37

图 11-38

11.3.2　整理收藏夹

随着收藏在收藏夹中的网页越来越多，应该学会整理收藏夹，这样可以快速地查找到用户喜欢的网页。整理收藏夹涉及的内容有新建文件夹、移动网页至文件夹、重命名文件夹或网页、删除文件夹或网页，下面以新建文件夹为例，介绍整理收藏夹的操作步骤。

第 1 步　单开 IE 浏览器窗口，在 IE 浏览器窗口的菜单栏中单击【收藏夹】菜单，在弹出的菜单中选择【整理收藏夹】菜单项，如图 11-39 所示。

第 2 步　打开【整理收藏夹】对话框，单击【新建文件夹】按钮，如图 11-40 所示。

图 11-39

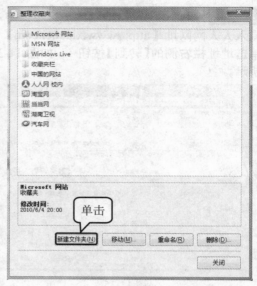

图 11-40

第 3 步　【整理收藏夹】对话框中出现新的工作界面，在文件夹名称文本框中输入准备命名的文件夹名称，如输入【购物】，然后按【Enter】键，如图 11-41 所示。

第 4 步　在【整理收藏夹】对话框中，选择准备移动到【购物】文件夹中的网页，如选择【淘宝网】，单击【移动】按钮，如图 11-42 所示。

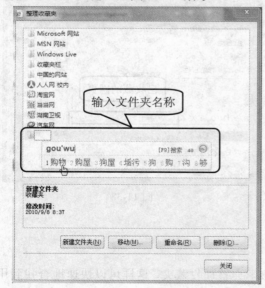

图 11-41

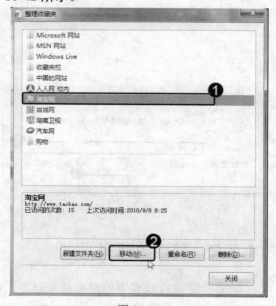

图 11-42

第5步 打开【浏览文件夹】对话框，在【单击目标文件夹】区域中，单击准备移动网页的目标文件夹，然后单击【确定】按钮，如图 11-43 所示。

第6步 通过以上操作，即可将【淘宝网】网页移动到新建的【购物】文件夹中。单击【关闭】按钮或单击对话框标题栏右侧的【关闭】按钮，即可退出【整理收藏夹】对话框，如图 11-44 所示。

图 11-43

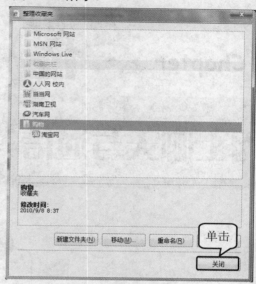

图 11-44

Chapter >> 12

网上聊天与通信

本章主要内容

本章将主要介绍使用 QQ 上网聊天、使用 MSN 上网聊天和收发电子邮件的知识与技巧，同时还将讲解如何使用 QQ 与好友进行文字和视频聊天、使用 MSN 联系人进行文字和视频聊天、使用电子邮箱给好友发送邮件的方法。通过本章的学习，读者可以掌握网上聊天与通信基础操作方面的知识，为深入学习电脑知识奠定基础。

12.1 使用 QQ 上网聊天

QQ 软件是腾讯公司开发的一款基于因特网的即时通信软件。QQ 不仅仅是简单的即时通信软件，还支持在线聊天，即时传送视频、语音和文件等多种多样的功能，是国内最为流行的网络聊天工具之一。

12.1.1 申请 QQ 号码

在使用 QQ 软件进行网上聊天前，需要申请个人 QQ 号码，通过这个号码可以拥有个人在网络上的身份，从而使用 QQ 聊天软件与好友进行网上聊天。

第 1 步 在桌面上双击【腾讯 QQ】程序图标，如图 12-1 所示。

图 12-1

第 3 步 打开【申请 QQ 账号】网页窗口，单击【立即申请】按钮，如图 12-3 所示。

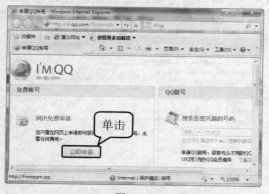

图 12-3

第 2 步 打开【QQ2010】对话框，单击【账号】文本框右侧的【注册新账号】超链接项，如图 12-2 所示。

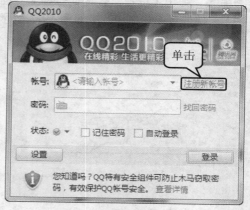

图 12-2

第 4 步 进入下一界面，在【您想要申请哪一类账号】区域中，单击【QQ 号码】超链接项，如图 2-4 所示。

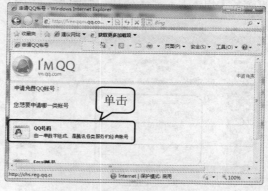

图 12-4

第5步 进入下一界面，输入个人信息，如账号、密码，完成后单击【确定】按钮，如图 12-5 所示。

图 12-5

第6步 进入下一界面，提示申请成功并显示 QQ 号码，单击【立即获取保护】按钮，如图 12-6 所示。

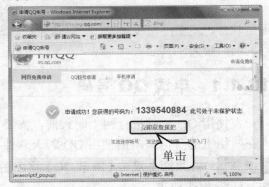

图 12-6

第7步 弹出【设置二代密码保护】界面，单击【密保问题】超链接项，如图 12-7 所示。

图 12-7

第8步 进入下一界面，输入需要的问题及答案，确定后单击【下一步】按钮，如图 12-8 所示。

图 12-8

第9步 进入下一界面，输入问题的正确答案，单击【下一步】按钮，如图 12-9 所示。

图 12-9

第10步 通过以上操作，即可成功申请到 QQ 号码申请完成，并且成功设置密码保护，如图 12-10 所示。

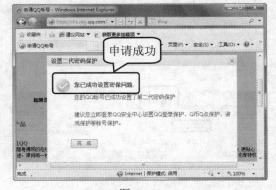

图 12-10

12.1.2 登录 QQ

在使用 QQ 软件前需要先登录 QQ 聊天软件，用户将个人的 QQ 账号和密码输入 QQ 软件即可登录。

第 1 步 在桌面上双击【腾讯 QQ】程序图标，如图 12-11 所示。

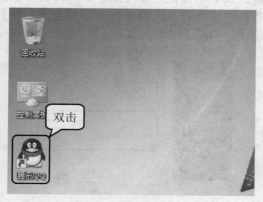

图 12-11

第 2 步 打开【QQ2010】对话框，输入正确的个人账号和密码，单击【登录】按钮，如图 12-12 所示。

图 12-12

第 3 步 通过以上操作，即可打开【QQ2010】窗口，成功登录个人 QQ 账号，如图 12-13 所示。

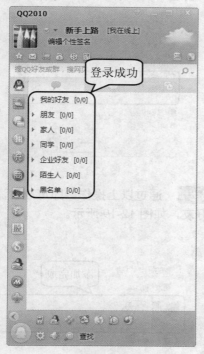

图 12-13

智慧锦囊

单击【QQ2010】对话框中的【状态】下拉按钮，用户可以选择登录 QQ 软件后个人账号的状态。【我在线上】状态，表示好友可以通过 QQ 软件看到用户上线，QQ 头像会闪动；【Q 我吧】状态，表示希望与好友进行聊天，会自动弹出有好友聊天的会话窗口；【隐身】状态，表示不希望好友看到用户上线，QQ 头像显示未上线状态；还有【离开】、【忙碌】和【请勿打扰】共 6 种状态，用户可以根据自己的需要，选择使用哪种状态登录 QQ。

12.1.3　查找与添加好友

通过 QQ 软件可以与好友进行网上聊天，但是在聊天前需要先将好友添加成自己的 QQ 好友，这样才可以与好友进行网上聊天。

第 1 步　运行 QQ 软件，在【QQ2010】窗口的下方，单击【查找】超链接按钮，如图 12-14 所示。

图 12-14

第 2 步　打开【查找联系人/群/企业】对话框，单击【查找联系人】选项卡，选择【精确查找】单选框，在【账号】和【昵称】文本框中输入好友的相关信息，单击【查找】按钮，如图 12-15 所示。

图 12-15

第 3 步　进入下一界面，选择准备添加的好友，然后单击【添加好友】按钮，如图 12-16 所示。

图 12-16

第 4 步　打开【添加好友】对话框，在文本框中输入对方验证的信息，单击【确定】按钮，如图 12-17 所示。

图 12-17

第 5 步　当对方接受请求后，弹出【添加好友】提示对话框，单击【完成】按钮，如图 12-18 所示。

图 12-18

第 6 步　通过以上操作，即可成功添加完 QQ 好友，如图 12-19 所示。

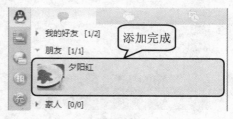

图 12-19

12.1.4　与好友进行文字聊天

QQ 是一款基于因特网的即时通信软件，用户可以通过 QQ 软件的在线聊天功能，与好友进行网上聊天，网上聊天的形式就好像手机发短信一样，通过文字的形式与好友进行聊天。

第1步　运行 QQ 软件，在【QQ2010】窗口中选择准备进行聊天的好友，双击好友 QQ 头像，如图 12-20 所示。

第2步　弹出与好友【夕阳红】进行文字聊天的会话窗口，在下面的文本框中输入文字，单击【发送】按钮，如图 12-21 所示。

图 12-20

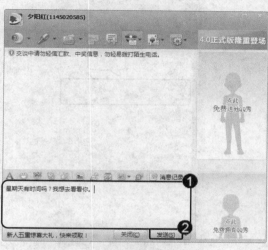

图 12-21

第3步　通过以上操作，用户发送的文字信息和好友回复的文字信息将在【聊天记录】区域内显示，这样就可以与好友进行文字聊天，如图 12-22 所示。

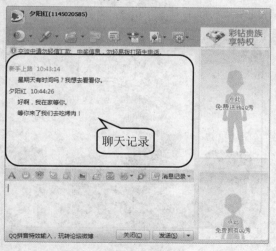

图 12-22

智慧锦囊

在会话窗口的文本框上方，存放着聊天时的辅助工具，从左到右依次是：设置字体颜色和格式、QQ 表情、会员魔法表情、发送抖动窗口、选择动一下表情、发送图片、音乐分享、发送礼物、屏幕截图工具、画词搜索工具、显示聊天记录，用户可以根据自己的需要，在聊天时选择准备使用的辅助工具。

12.1.5 与好友进行视频聊天

使用 QQ 软件不仅可以与好友进行文字聊天，用户还可以通过语音视频功能，与好友进行面对面的视频聊天。

第1步 运行 QQ 软件，在【QQ2010】窗口中选择准备进行聊天的好友，双击好友 QQ 头像，如图 12-23 所示。

图 12-23

第2步 弹出与好友【夕阳红】进行聊天的会话窗口，单击【视频会话】链接按钮，如图 12-24 所示。

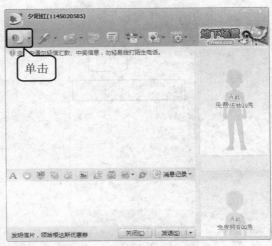

图 12-24

第3步 在会话窗口右侧弹出视频窗口，提示【等待对方接受邀请】提示语，给对方发送视频邀请，如图 12-25 所示。

图 12-25

第4步 通过以上操作，即可与好友进行视频聊天，并在视频窗口中可以互相看到对方，如图 12-26 所示。

图 12-26

12.1.6 给好友发送照片

QQ 不仅是一款聊天软件，还有其他多种功能，如传输文件、共享文件、QQ 邮箱、楚游、网络收藏夹、发送贺卡等功能，如果用户准备将自己郊游的照片与好友共同观赏，可以通过 QQ 的传输文件功能，将照片发送给好友。

第1步 运行 QQ 软件，在【QQ2010】窗口中选择准备进行聊天的好友，双击好友 QQ 头像，如图 12-27 所示。

第2步 弹出与好友【夕阳红】进行聊天的会话窗口，单击【传送文件】链接按钮，如图 12-28 所示。

图 12-27

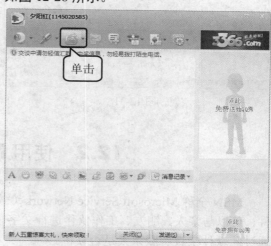

图 12-28

第3步 打开【打开】对话框，在【查找范围】下拉列表框中选择照片保存的位置，再选择准备发送的照片，单击【打开】按钮，如图 12-29 所示。

第4步 返回会话窗口，右侧弹出发送文件窗口。如果对方没有接收，可以单击【发送离线文件】链接项，如图 12-30 所示。

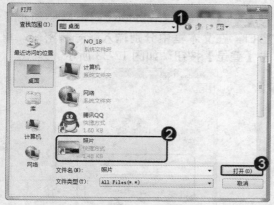

图 12-29

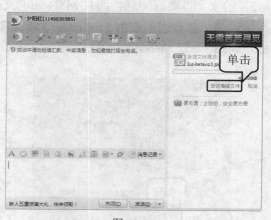

图 12-30

第5步 通过以上操作，即可在会话窗口的【聊天记录】区域中，提示文件发送成功，如图 12-31 所示。

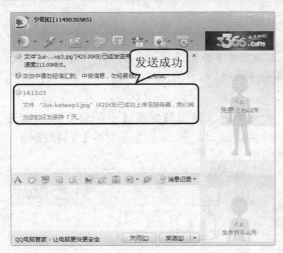

图 12-31

单击【传送文件】按钮右侧的下拉按钮，可以选择传送文件的类型，其中包括了【发送文件】，可以发送一个文件；【发送文件夹】，可以发送整个文件夹中的文件；【发送离线文件】，可以在好友不在线或不接收的情况下直接发送文件；【传文件设置】，可以更改接收文件的保存位置。

12.2 使用 MSN 上网聊天

MSN 全称 Microsoft Service Network（微软网络服务），是微软公司推出的即时消息软件，可以与亲人、朋友、工作伙伴进行文字聊天、语音对话、视频会议等即时交流，还可以通过此软件来查看联系人是否联机。

12.2.1 登录 MSN

MSN 是一款即时通讯工具，是四大顶级个人即时通讯工具之一。相比其他聊天软件，MSN 的安全性要好一些，而且 MSN 还能支持跨国聊天。

第1步　在桌面上双击【msnmsgr】程序图标，如图 12-32 所示。

第2步　弹出【Windows Live Messenger】窗口，在文本框中分别输入账号和密码，单击【登录】按钮，如图 12-33 所示。

图 12-32

图 12-33

第3步 通过以上操作，即可成功登录 MSN，如图 12-34 所示。

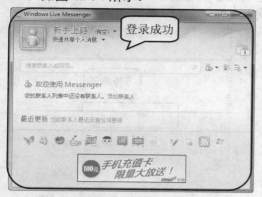

图 12-34

◆ **智慧锦囊**

MSN 账号与其他聊天软件有所不同，MSN 的账号其实就是 hotmail 或 Windows Live 的邮箱号码，这样更加安全地保证了使用 MSN 用户的个人信息。

◆ **知识拓展**

用户可以使用 MSN 的一些常用工具以便更好地使用 MSN，如【MSN Shell】工具能够支持用户使用 JScript 这样的脚本语言，编写自己的功能插件。【MSN 聊天机器人"小布"】是一个基于 MSN 的聊天机器人，能够与我们进行一些简单的对话，而且还可以向小布咨询新闻、天气预报、身份证、电话区号和邮编、各大城市公交车线路、Today、IP 所在地、手机号所在地、汉字的注音等信息。

12.2.2 添加联系人

使用 MSN 可以与好友进行网上聊天，在登录 MSN 聊天软件后，将准备进行聊天的好友添加为 MSN 好友即可。

第1步 登录 MSN 软件，进入【Windows Live Messenger】窗口，单击【添加联系人或群】下拉按钮，选择【添加联系人】菜单项，如图 12-35 所示。

第2步 进入添加联系人界面，在【即时消息地址】文本框中输入对方的 hotmail 邮箱地址，单击【下一步】按钮，如图 12-36 所示。

图 12-35

图 12-36

第 3 步 进入向添加人发送邀请的界面，单击【发送邀请】按钮，如图 12-37 所示。

图 12-37

第 4 步 进入正在添加好友界面，提示【正在添加】的信息，等待 MSN 验证对方信息，如图 12-38 所示。

图 12-38

第 5 步 进入已经添加好友的界面，对方接收到添加好友邀请，单击【关闭】按钮，如图 12-39 所示。

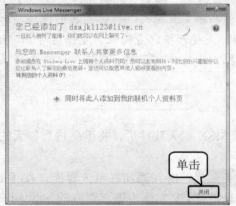

图 12-39

第 6 步 通过以上操作，即可添加完 MSN 好友，如图 12-40 所示。

图 12-40

◆ **知识拓展**

　　用户如果不希望被某个好友打扰，可以在【Windows Live Messenger】窗口的主窗口中，右击要阻止人的名字，在弹出的快捷菜单中选择【阻止联系人】菜单项即可。被阻止的联系人并不知道已被阻止，用户在对方的 MSN 中只是显示为脱机状态。如果准备删除好友，右击要删除的名字，在弹出的快捷菜单中选择【删除联系人】菜单项即可。

12.2.3　与联系人进行文字聊天

　　通过 MSN 可以与亲人朋友、工作伙伴进行文字聊天。

第1步 登录 MSN 软件，进入【Windows Live Messenger】窗口，右击好友名称，在弹出的快捷菜单中选择【发送即时消息】菜单项，如图 12-41 所示。

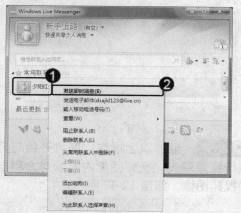

图 12-41

第2步 弹出与好友聊天的会话窗口，在窗口下方的文本框中输入准备发送的信息，按【Enter】键发送信息，如图 12-42 所示。

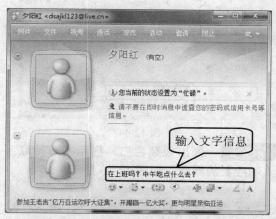

输入文字信息

图 12-42

第3步 通过以上操作，即可开始与好友进行文字聊天，聊天内容显示在窗口中间的聊天记录中，如图 12-43 所示。

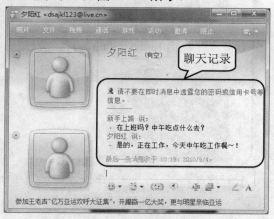

图 12-43

智慧锦囊

在会话窗口文本框下方，MSN 软件为用户提供了多种聊天时需要的辅助工具，用户通过这些工具可以满足聊天时的需要，如在聊天时发送一些动画表情、更改输入文字的字体与颜色、更换会话窗口的背景、切换手写输入或键盘输入文字等。

12.2.4 与联系人进行视频聊天

使用 MSN 软件不仅可以与好友进行文字聊天，用户还可以通过语音视频功能，与好友进行面对面的视频聊天。

第1步 登录 MSN 软件，进入【Windows Live Messenger】窗口，选择需要进行视频聊天的好友，如选择【夕阳红】，双击好友的名字，如图 12-44 所示。

第2步 弹出与好友聊天的会话窗口，在窗口上方的菜单栏中，单击【视频】按钮，如图 12-45 所示。

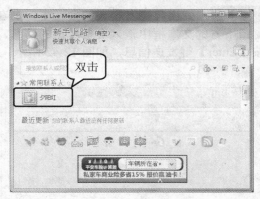

图 12-44

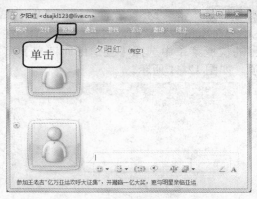

图 12-45

第 3 步 弹出视频窗口，提示【等待联系人响应】的界面，如图 12-46 所示。

第 4 步 通过以上操作，即可开始与好友进行视频聊天，视频图像内显示对方和自己的视频图像，如图 12-47 所示。

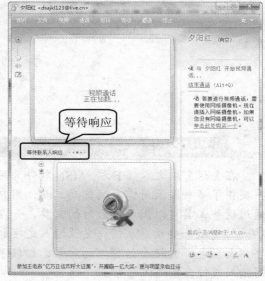

图 12-46

图 12-47

12.3 收发电子邮件

电子邮件又称 E-mail，标志为@，是指用电子手段传送信件、单据、资料等信息的通信方法，综合了电话通信和邮政信件的特点。

12.3.1 申请电子邮箱

使用电子邮箱可以给好友发送电子邮件，但在使用电子邮箱前需要申请个人电子邮箱。

常用的电子邮箱有网易、MSN 邮箱等，下面以申请网易邮箱为例介绍如何申请电子邮箱。

第1步 打开网页，在 IE 浏览器地址栏中输入【www.126.com】，进入 126 网易邮箱官方网站，单击【立即注册】按钮，如图 12-48 所示。

第2步 弹出【网易邮箱-注册新用户】窗口，在【用户名】文本框中输入准备申请邮箱的账号，在【密码】和【再次输入密码】文本框中分别输入相同的密码，如图 12-49 所示。

图 12-48

图 12-49

第3步 选择密码保护问题，如【您的出生地是？】，在【密码保护问题答案】文本框中输入问题答案。再选择【男】或【女】单选框，输入出生日期和手机号，如图 12-50 所示。

第4步 继续填写，在【请输入上边的字符】文本框中输入验证字符，单击【创建账号】按钮，如图 12-51 所示。

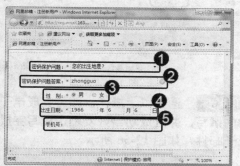

图 12-50

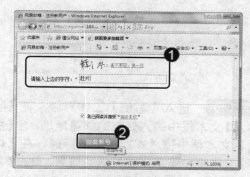

图 12-51

第5步 通过以上操作，即可成功申请到 126 网易邮箱，如图 12-52 所示。

图 12-52

智慧锦囊

常用的免费电子邮箱有很多，如网易邮箱、Hot-mail 邮箱、QQ 邮箱、雅虎邮箱、搜狐邮箱、新浪邮箱等，这些邮箱的注册方法基本相同。电子邮箱的账号是一种特定的格式，即"登录名@主机名.域名"。

◆ **知识拓展**

电子邮件最大的特点是，人们可以在任何地方、任何时间收发信件，解决了时空的限制，大大提高了工作效率，并为办公自动化和商业活动提供了很大的便利。

12.3.2 撰写电子邮件

电子邮箱申请完成后，就可以使用邮箱给好友发送电子邮件了。发送邮件前需要先知道对方的邮箱地址，然后开始撰写电子邮件，最后发送即可。

第1步 打开网页，在 IE 浏览器地址栏中输入【www.126.com】，进入 126 网易邮箱官方网站，输入邮箱的【用户名】和【密码】，单击【登录】按钮，如图 12-53 所示。

第2步 进入【126 网易免费邮】个人电子邮箱，单击【写信】按钮，如图 12-54 所示。

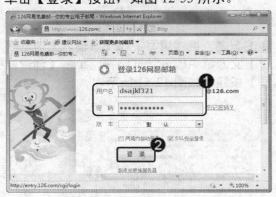

图 12-53

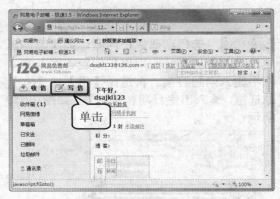

图 12-54

第3步 进入【写信】工作界面，在【收件人】文本框中输入好友的邮箱地址，在【主题】文本框中输入本次邮件的标题，在【内容】文本框中输入需要发送的信息，单击【发送】按钮，如图 12-55 所示。

第4步 通过以上操作，即可完成电子邮件的撰写，并且成功给好友发送撰写完成的电子邮件，如图 12-56 所示。

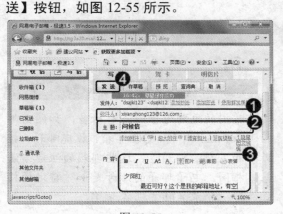

图 12-55

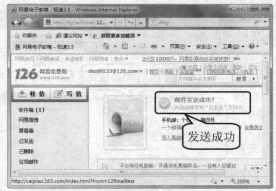

图 12-56

12.3.3　发送电子贺卡

　　使用电子邮箱可以给家人和朋友发送一些有趣的电子贺卡，在工作繁忙之余看到这些有趣的贺卡，会感受到家人和朋友的关心。

第 1 步　进入 126 网易邮箱官方网站，输入邮箱的【用户名】和【密码】，单击【登录】按钮，如图 12-57 所示。

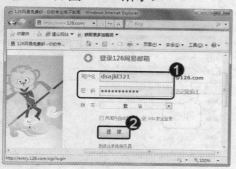

图 12-57

第 2 步　进入【126 网易免费邮】个人电子邮箱，单击【写信】按钮，如图 12-58 所示。

图 12-58

第 3 步　进入【写信】工作界面，单击窗口上方的【贺卡】选项卡，如图 12-59 所示。

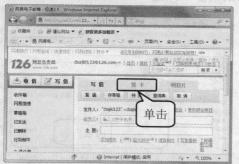

图 12-59

第 4 步　进入【贺卡】工作界面，选择一个准备发送的贺卡，如图 12-60 所示。

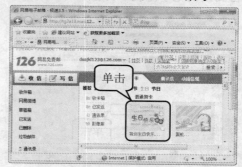

图 12-60

第 5 步　进入下一界面，在文本框中输入对方的邮箱地址和祝福语，单击【发送】按钮，如图 12-61 所示。

图 12-61

第 6 步　通过以上操作，电子贺卡发送成功，如图 12-62 所示。

图 12-62

12.3.4　阅读与回复电子邮件

用户可以通过电子邮箱接收并阅读亲朋好友发送给自己的邮件，当阅读完成后，用户还可以给亲朋好友回复自己撰写的邮件。

第1步　进入 126 网易邮箱官方网站，输入邮箱的【用户名】和【密码】，单击【登录】按钮，如图 12-63 所示。

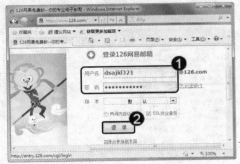

图 12-63

第3步　进入【收件箱】工作界面，单击准备阅读的电子邮件，如图 12-65 所示。

图 12-65

第5步　阅读完成后，单击窗口上方或下方的【回复】按钮，如图 12-67 所示。

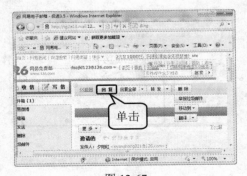

图 12-67

第2步　进入【126 网易免费邮】个人电子邮箱，单击【收信】按钮，如图 12-64 所示。

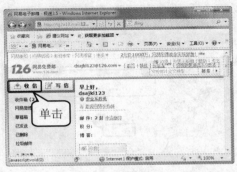

图 12-64

第4步　打开电子邮件，开始阅读电子邮件的内容，如图 12-66 所示。

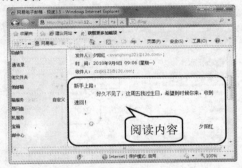

图 12-66

第6步　进入【写信】工作界面，开始撰写电子邮件，单击【发送】按钮，即可成功回复好友的电子邮件，如图 12-68 所示。

图 12-68

第4篇 常用工具软件

Chapter 13　常用的电脑工具软件

常用的电脑工具软件

本章主要内容

　　本章将主要介绍电脑中常用的各种工具软件，包括看图用的 ACDSee、播放音乐用的千千静听和播放视频用的暴风影音，还有压缩软件、刻录软件和翻译软件，针对各个软件的使用方法都附有详细的操作步骤。通过本章的学习，读者可以掌握 Windows 7 系统中的常用工具软件，并使用这些工具软件完成工作，为深入学习使用电脑奠定基础。

13.1 ACDSee 看图软件

　　ACDSee 看图软件提供了良好的操作界面和简单人性化的操作方式，同时还具有优质的快速图形解码方式、强大的图形文件管理功能等，支持丰富的图形格式，已成为目前非常流行的看图工具之一。

13.1.1 浏览图片

　　使用 ACDSee 软件可以快速浏览电脑中的图片，并可以将图片放大或全屏浏览。

第1步　在 Windows 7 桌面上单击【开始】按钮，在弹出的【开始】菜单中选择【所有程序】菜单项，如图 13-1 所示。

第2步　在打开的【所有程序】菜单中选择【ACD Systems】菜单项，然后选择【ACDSee 相片管理器 2009】程序，如图 13-2 所示。

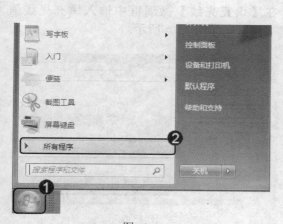

图 13-1

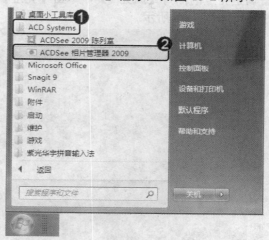

图 13-2

第3步　启动 ACDSee 应用程序，在【文件夹】任务窗格中展开文件夹【图片】所在的目录，在【缩略图】任务窗格中双击准备浏览的照片，如图 13-3 所示。

第4步　通过以上操作，即可通过 ACDSee 软件浏览照片，如图 13-4 所示。

图 13-3

图 13-4

◆ **知识拓展**

Windows 7 系统中默认安装了一款名为"Windows 照片查看器"的看图软件，使用该软件也可以浏览图片，该软件小巧简单，但功能也有局限性。

13.1.2 编辑图片

ACDSee 看图软件除了浏览图片，还可以非常方便地对图片进行编辑处理，如设置图片显示效果、修改图片的大小、调整图片的颜色和亮度等。下面以调整图片【风光 3】的亮度为例，介绍使用 ACDSee 软件处理图片的具体操作方法。

第 1 步 启动 ACDSee 应用程序，打开准备调整亮度的图片【风光 3】，单击【亮度】按钮，如图 13-5 所示。

图 13-5

第 3 步 在【编辑面板：曝光】任务窗格中向下拖动垂直滑块，单击【完成】按钮，如图 13-7 所示。

图 13-7

第 2 步 打开【编辑面板：曝光】任务窗格，在【曝光】微调框中输入曝光值【23】，在【对比度】微调框中输入对比度值【35】，在【填充光线】微调框中输入填充光线值【12】，如图 13-6 所示。

图 13-6

第 4 步 通过以上操作，即可完成对图片【风光 3】的亮度设置，如图 13-8 所示。

图 13-8

13.1.3　更改图片格式

在日常工作中，如果遇到图片格式不符合要求的情况，此时，可以使用 ACDSee 看图软件将图片修改为符合要求的格式。下面以将 JPEG 格式的图片【风光 6】更改为 BMP 位图格式为例，介绍使用 ACDSee 看图软件更改图片格式的操作方法。

第1步　启动 ACDSee 应用程序，选择准备修改格式的图片【风光 6】，单击菜单栏中的【工具】菜单，在弹出的子菜单中选择【转换文件格式】菜单项，如图 13-9 所示。

第2步　打开【批量转换文件格式】对话框，单击【格式】选项卡，在【格式】列表框中选择【BMP Windows 位图】列表项，单击【下一步】按钮，如图 13-10 所示。

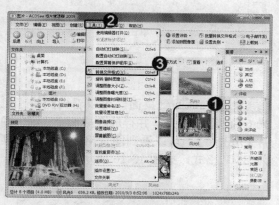

图 13-9

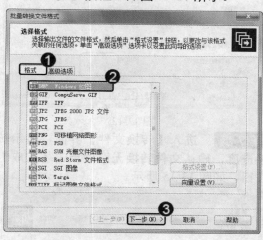

图 13-10

第3步　进入【设置输出选项】界面，选择【将修改后的图片放入以下文件夹】单选框，单击【浏览】按钮，选择图片存放的位置，如图 13-11 所示。

第4步　打开【浏览文件夹】对话框，选择【桌面】列表项，单击【确定】按钮，如图 13-12 所示。

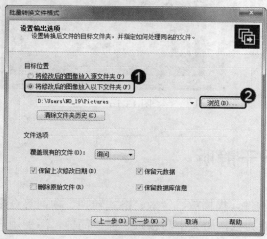

图 13-11

图 13-12

第5步 返回到【设置输出选项】界面，确认设置后，单击【下一步】按钮，如图 13-13 所示。

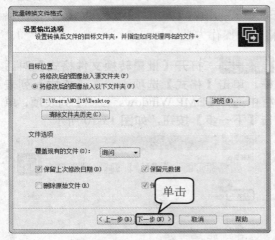

图 13-13

第6步 进入【设置多页选项】界面，确认设置后单击【开始转换】按钮，如图 13-14 所示。

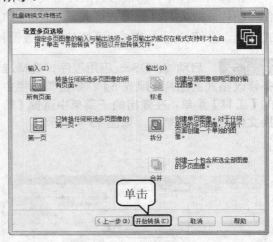

图 13-14

第7步 进入【转换文件】界面，显示转换进度，确认文件转换无误后单击【完成】按钮，如图 13-15 所示。

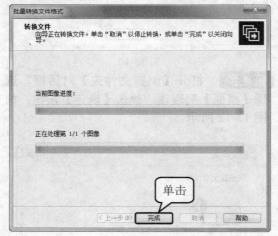

图 13-15

第8步 返回到桌面，可以看到图片【风光 6】已经转换完毕并存放在桌面上。双击图片【风光 6】，可以看到图片格式已经被转换为 BMP 格式，如图 13-16 所示。

图 13-16

13.2 千千静听

千千静听是一款功能强大的免费音乐播放软件，集播放、音效、格式转换、歌词等众多功能于一身，资源占用低、运行效率高、扩展能力强，而又小巧精致、操作简捷，深受用户喜爱。

13.2.1　播放声音文件

　　用户可以使用千千静听播放储存在电脑中的音乐文件，从而欣赏到优美的音乐，放松心情。

第1步　启动千千静听程序，在标题栏中单击【主菜单】按钮，选择【播放控制】菜单项，在弹出的子菜单中选择【播放文件】菜单项，如图 13-17 所示。

第2步　打开【打开】对话框，在【查找范围】下拉列表框中选择准备播放的音乐文件所在的位置，然后选择准备播放的音乐文件，单击【打开】按钮，如图 13-18 所示。

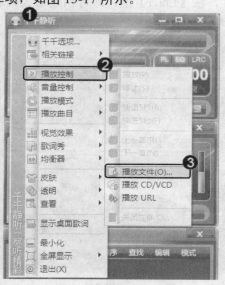

图 13-17

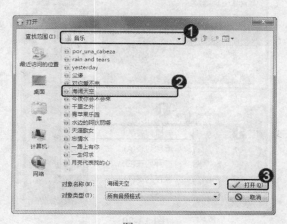

图 13-18

第3步　返回千千静听程序，即可成功播放音乐文件，如图 13-19 所示。

播放的音乐文件

图 13-19

智慧锦囊

　　在【播放列表】窗口中选择【添加】主菜单，或者在控制栏中单击播放文件的快捷按钮，都可以弹出【打开】对话框，进而选择播放自己喜欢的音乐。

　　利用千千静听中的控制按钮可以控制音乐的播放：单击【暂停】按钮，即可暂停当前播放的音乐文件，再次单击即可继续播放；单击【停止】按钮，即可停止当前播放的音乐文件。

13.2.2 创建播放列表

如果用户爱好多种音乐风格，在电脑中存储了大量的音乐文件，而在收听时想要分门别类的播放，此时，可以使用千千静听的创建播放列表功能将不同类型的歌曲分别放在相对应的播放列表中。

第 1 步 启动千千静听程序，在【播放列表】窗口中选择【列表】主菜单，在弹出的下拉菜单中选择【新建列表】菜单项，如图 13-20 所示。

第 2 步 新建一个播放列表，将播放列表命名为个人选定的名称，如命名为【四大天王】，按【Enter】键，即可创建播放列表，如图 13-21 所示。

图 13-20

图 13-21

第 3 步 打开音乐文件所在的文件夹，选择准备播放的歌曲，拖动至新创建的【四大天王】播放列表中，如图 13-22 所示。

第 4 步 此时，即可开始播放新建播放列表中的音乐文件，如图 13-23 所示。

图 13-22

图 13-23

13.2.3 搜索歌词

如果用户在听歌的同时想要看到歌词内容，可以应用千千静听的在线搜索歌词功能，在播放音乐文件的同时查看歌词。下面以搜索歌曲【尘缘】的歌词为例，介绍使用千千静听搜索歌词的方法。

第1步 启动千千静听程序，在标题栏中单击【主菜单】按钮，选择【歌词秀】菜单项，在弹出的子菜单中选择【在线搜索】菜单项，如图 13-24 所示。

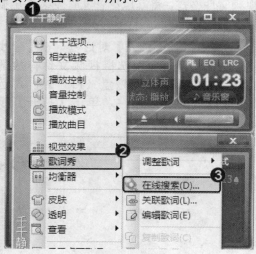

图 13-24

第3步 在【选择歌词文件进行下载】列表框中选择准备下载的歌曲歌词，选择【下载后与歌曲文件进行关联】复选框，单击【下载】按钮下载歌词，确认歌词下载完毕，单击【关闭】按钮退出下载程序，如图 13-26 所示。

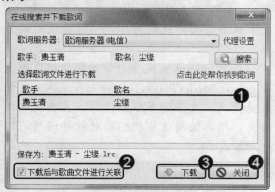

图 13-26

第2步 打开【在线搜索并下载歌词】对话框，输入准备查找歌曲的名称和的演唱的歌手，单击【搜索】按钮，如图 13-25 所示。

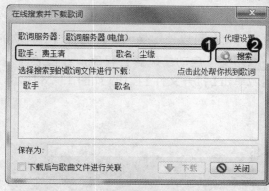

图 13-25

第4步 此时，在【歌词秀】窗口中显示出与歌曲同步的歌词，如图 13-27 所示。

图 13-27

13.3 暴风影音

暴风影音是一款非常流行的视频播放器，该播放器兼容大多数的视频和音频格式。使用暴风影音播放器可以收看影视剧，还可以利用网络资源在线收看我们非常喜欢的电视、电影以及各种娱乐节目。

13.3.1 播放电脑中的影视剧

作为一款视频播放软件，暴风影音支持多数视频文件格式，将暴风影音文件安装在电脑中，用户就可以使用暴风影音观看自己喜欢的电影了。

第1步 启动暴风影音程序，在播放显示区域单击【打开文件】按钮，如图 13-28 所示。

第2步 打开【打开】对话框，在【查找范围】下拉列表框中选择视频文件存放的位置，如选择【本地磁盘（F:）】，再选择准备播放的视频文件，单击【打开】按钮，如图 13-29 所示。

图 13-28

图 13-29

第3步 此时，暴风影音开始播放电脑中的电影，如图 13-30 所示。

图 13-30

智慧锦囊

双击需要播放的影片，同样能使用播放器播放影片。

在 Windows 系统中自带的媒体播放器是 Windows Media Player，为满足多媒体需求的日益提高，更多的多媒体播放工具出现在网络上，用户使用这些视频播放软件同样可以观看影片。

13.3.2　设置播放中的影片

使用暴风影音播放器观看影片时，可以设置播放中的影片，如果用户在观看影片时觉得播放器窗口的可视化效果区域较小，可以通过设置让影片全屏播放。

第1步　影片播放过程中，如果准备暂停播放，可以单击【暂停】按钮将影片暂停，如图 13-31 所示。

图 13-31

第2步　如果准备重新播放暂停的影片，可以单击【播放】按钮 ▶ 让影片继续播放，如图 13-32 所示。

图 13-32

第3步　如果准备调整影片的播放进度，可以拖动播放进度条上的圆点状水平滑块到准备观看的位置上，如图 13-33 所示。

图 13-33

第4步　通过拖动影片的进度滑块，即可将影片调整到准备观看的位置进行播放，如图 13-34 所示。

图 13-34

第5步　将鼠标指针移动至可视化效果区域中，在上方弹出的控制面板中单击【全屏】按钮，如图 13-35 所示。

图 13-35

第6步　通过以上操作，即可让影片以全屏模式播放，如图 13-36 所示。

图 13-36

13.4　WinRAR 压缩软件

WinRAR 软件是一款功能强大的压缩包管理器，支持多种格式类型的文件，用于备份数据、缩减电子邮件附件的大小、解压缩从互联网中下载的压缩文件和新建压缩文件等。

13.4.1　压缩文件

压缩文件的基本原理是查找文件内的重复字节，并建立一个相同字节的"词典"文件，从而达到保留最多文件信息，同时使文件体积变小的目的。使用 WinRAR 压缩软件，可以将电脑中保存的文件压缩，缩小文件的体积，便于使用和传输。下面以将本地磁盘（F:）中的文件夹【图片】压缩为例，介绍压缩文件的操作方法。

第 1 步　在电脑中找到准备压缩的文件夹所在的位置，在文件夹图标上右击，在弹出的快捷菜单中选择【添加到压缩文件】菜单项，如图 13-37 所示。

第 2 步　打开【压缩文件名和参数】对话框，确认压缩文件的相关参数后，单击【确定】按钮开始压缩，如图 13-38 所示。

图 13-37

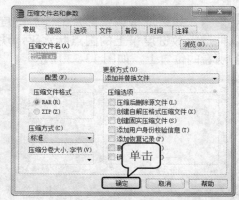

图 13-38

第 3 步　打开【正在创建压缩文件　图片.rar】对话框显示进度，如图 13-39 所示。

第 4 步　此时，打开本地磁盘（F:）窗口，即可看到压缩好的文件，如图 13-40 所示。

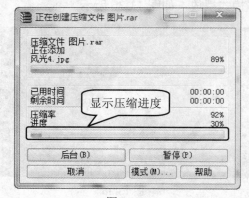

图 13-39

图 13-40

13.4.2　设置解压缩密码

　　如果用户的文件不想被他人看到或被修改，可以压缩文件并在压缩的过程中设置解压缩的密码，如果不知道密码则文件无法解压和修改，这样可以使文件更加安全。

第1步　对文件进行压缩，打开【压缩文件名和参数】对话框，单击【高级】选项卡，然后单击【设置密码】按钮，如图 13-41 所示。

第2步　打开【带密码压缩】对话框，输入密码并确认，单击【确定】按钮，如图 13-42 所示。

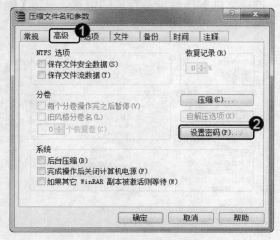

图 13-41

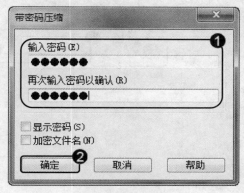

图 13-42

第3步　返回到【压缩文件名和参数】对话框，单击【确定】按钮，如图 13-43 所示。

第4步　此时，解压缩文件需输入密码才能开始运行，如图 13-44 所示。

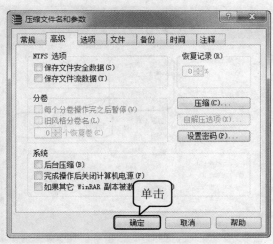

图 13-43

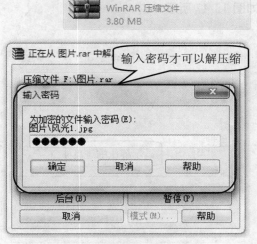

图 13-44

13.4.3 解压缩文件

解压缩文件是指将压缩后的文件解压，从而查看或编辑文件内容。目前互联网络上下载的文件大多属于压缩文件，文件下载后必须先解压缩才能够使用。解压缩就是将压缩过的文档、文件等各种资料恢复到压缩之前的样子。

第1步 打开准备解压缩的文件所在的文件夹，在压缩文件图标上右击，在弹出的快捷菜单中选择【解压文件】菜单项，如图 13-45所示。

第2步 打开【解压路径和选项】对话框，单击【常规】选项卡，在解压路径列表框中选择文件解压后准备存放的位置，单击【确定】按钮，如图 13-46 所示。

图 13-45

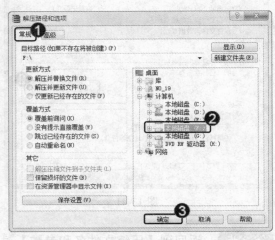

图 13-46

第3步 打开【正在从 图片和音乐.rar 中解压】对话框，并显示解压缩文件的进度，如图 13-47 所示。

第4步 通过以上操作，即可解压缩文件，如图 13-48 所示。

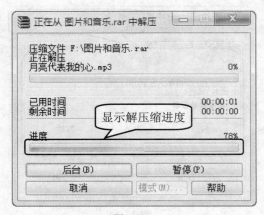

图 13-47

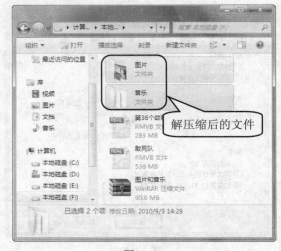

图 13-48

13.5 刻录软件

刻录也被称为烧录，就是把想要保存的数据通过刻录机等工具刻制到光盘中。如果用户电脑硬盘中的空间有限，就可以使用刻录软件将自己喜欢的电影、图片、音乐等刻录到光盘中，留待日后欣赏。下面以刻录软件 NERO 为例，介绍刻录软件的相关知识。

13.5.1 刻录光盘

NERO 是 Windows 系统下非常常见的一款刻录软件，其功能强大、操作简便、稳定性好，很多用户选择使用 NERO 来刻录光盘。

第1步　打开 NERO Express 程序界面，单击【数据光盘】选项卡，在右侧的列表框中选择【数据光盘】选项，如图 13-49 所示。

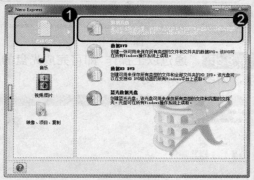

图 13-49

第2步　进入光盘内容界面，单击【添加】按钮，如图 13-50 所示。

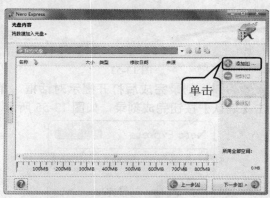

图 13-50

第3步　打开【添加文件和文件夹】对话框，在【文件位置】下拉列表框中选择准备刻录文件所在的位置，打开文件所在位置的文件夹，选择准备刻录的文件，单击【添加】按钮。确认文件添加后，单击【取消】按钮，如图 13-51 所示。

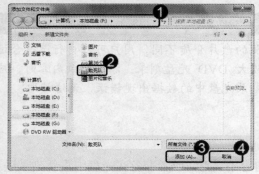

图 13-51

第4步　返回到光盘内容界面，可以看到准备刻录的内容已经被添加进去，确认无误后，单击【下一步】按钮，如图 13-52 所示。

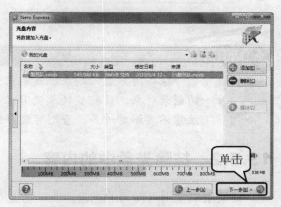

图 13-52

第5步 进入最终刻录设置界面，在【当前刻录机】下拉列表框中选择准备使用的刻录设备，在【光盘名称】文本框中输入准备应用的光盘名，如输入【电影－《敢死队》】，确认内容无误后，单击【刻录】按钮开始刻录，如图 13-53 所示。

图 13-53

第7步 刻录完成后打开提示对话框，单击【确认】按钮完成刻录，如图 13-55 所示。

图 13-55

第6步 进入刻录过程界面，显示光盘刻录的速度及进度，如图 13-54 所示。

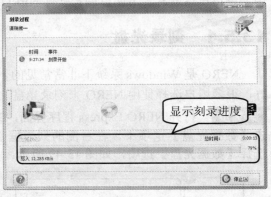

图 13-54

第8步 通过以上操作，即可完成光盘的刻录，如图 13-56 所示。

图 13-56

◆ **知识拓展**

　　根据用户放入刻录机或刻录光驱的盘片介质不同，用户可以自行选择合适的刻录对象，目前多数人使用容量较大 DVD 光盘刻录。添加刻录内容时，应注意不要添加过多，否则可能导致刻录光盘中的数据出现错误，无法读取。

13.5.2 抹除光盘中的内容

　　如果用户使用可擦写的光盘，当对光盘的内容不满意，或者准备在光盘中重新刻录进新的数据内容时，可以使用 NERO 软件的抹除光盘功能，将光盘中的内容擦掉。

第1步 打开 NERO 程序界面，单击【扩展】按钮，在弹出的扩展功能界面中单击【抹除光盘】超链接项，如图 13-57 所示。

第2步 打开【擦除可重写光盘】对话框，单击【删除】按钮，开始抹除光盘内容，如图 13-58 所示。

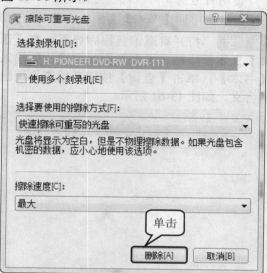

图 13-58

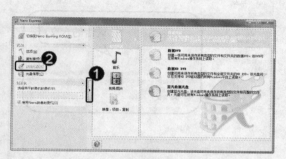

图 13-57

第3步 打开抹除光盘进度的对话框，显示抹除光盘的进度和时间，如图 13-59 所示

第4步 可以看到，光驱中的光盘已经没有内容，如图 13-60 所示。

图 13-60

图 13-59

13.6 翻译软件

在日常生活中常常会遇到无法理解的外语词汇或句子，如果在工作时有翻译文本的需要，通过安装在电脑中的翻译软件，可以将相关的外文词汇译成中文以方便理解。本节以"有道词典"为例，介绍翻译软件的相关操作方法。

13.6.1　查询单词

使用有道词典可以轻松方便地查询单词，可以做到英汉互译，并且包含有真人发音功能。下面以查询单词【书本】为例，介绍使用有道词典查询单词的方法。

第1步　打开有道词典程序界面，在【查询】文本框中输入准备查询的词组，如输入【书本】，单击【查词】按钮开始查询词组的含义，如图 13-61 所示。

第2步　此时，程序界面中显示出【书本】的英文含义，如图 13-62 所示。

图 13-61

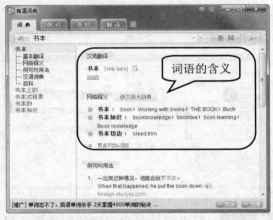

图 13-62

13.6.2　屏幕取词

有道词典的功能非常强大，除常规的词组查询功能外，还具有屏幕取词的功能，将鼠标指针定位在准备查询的词中间即可显示该词的英文翻译。

第1步　开启有道词典应用程序，将鼠标指针定位在需要查询的词组中间，如插入在【月光】中间，如图 13-63 所示。

第2步　此时，即可看到【月光】的英文含义，如图 13-64 所示。

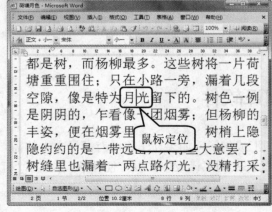

图 13-63

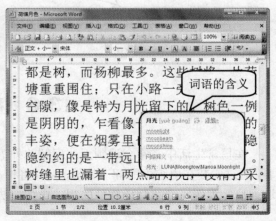

图 13-64

13.6.3　翻译句子

　　在日常工作和生活中，遇到难于理解的外文句子时，使用有道词典可以很方便地翻译成便于理解的中文。

第1步　　开启有道词典应用程序，单击【翻译】选项卡，将准备翻译的外文句子输入进去，单击【翻译】按钮，如图 13-65 所示。

第2步　　此时，程序界面中显示出句子的中文含义，如图 13-66 所示。

图 13-65

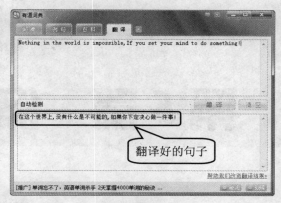

图 13-66

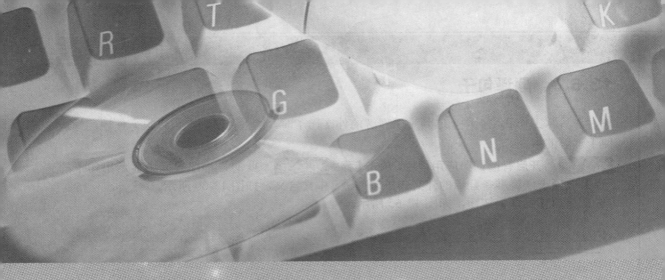

第5篇 保护电脑安全

主 要 内 容

Chapter 14　保护电脑安全

保护电脑安全

本 章 要 点

- 防范电脑病毒
- 系统磁盘清理与维护
- Windows 7 系统备份与还原
- 使用 Ghost 备份与还原系统

本章主要内容

　　本章将主要介绍查杀电脑病毒和磁盘清理方面的知识与技巧，同时还将讲解创建系统还原点和系统还原的内容。在本章的最后还针对实际的工作需求，讲解了使用 Ghost 备份与还原系统的操作。通过本章的学习，读者可以掌握电脑病毒和还原系统方面的知识，为深入学习电脑知识奠定基础。

14.1 防范电脑病毒

编制或者在计算机程序中插入的破坏计算机功能或者破坏数据，影响计算机使用并且能够自我复制的一组计算机指令或者程序代码被称为计算机病毒（Computer Virus）。

计算机病毒的主要危害有以下 6 方面：

- 激发对计算机数据信息的直接破坏作用。
- 占用磁盘空间和对信息的破坏。
- 抢占系统资源。
- 影响计算机运行速度。
- 给用户造成严重的心理压力。

防范电脑病毒的入侵需从多方面做起，如不浏览内容不健康的网站、不使用陌生或盗版的光盘、在网上下载资料时必须打开杀毒软件和防火墙进行监控等。国内主要杀毒软件有瑞星杀毒软件、金山毒霸、江民杀毒软件、卡巴斯基等。

14.2 系统磁盘清理与维护

磁盘是计算机中存储数据的重要介质，任何不正确的关机或操作都可能损坏磁盘，因此用户应该经常对系统磁盘进行清理与维护，增加电脑的使用寿命。

14.2.1 磁盘清理

"磁盘清理"是一种删除硬盘分区中的系统 Internet 临时文件（浏览网页时，系统自动下载该网页中包含的图片或数据文件）、文件夹以及回收站等区域中多余文件的磁盘清理功能。下面以清理本地磁盘(C:)为例，介绍磁盘清理的操作步骤。

第 1 步 单击【开始】按钮，在弹出的菜单中选择【所有程序】下拉菜单，如图 14-1 所示。

第 2 步 在弹出的菜单中选择【附件】菜单项，如图 14-2 所示。

图 14-1

图 14-2

第3步 向下拖动垂直滚动条，选择【系统工具】菜单项，如图 14-3 所示。

图 14-3

第4步 选择【磁盘清理】菜单项，如图 14-4 所示。

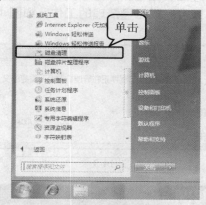

图 14-4

第5步 打开【磁盘清理：驱动器选择】对话框，单击【驱动器】下拉箭头，选择准备清理的驱动器，如选择【(D:)】，单击【确定】按钮，如图 14-5 所示。

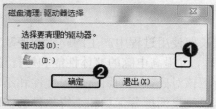

图 14-5

第6步 打开【磁盘清理】对话框，此时磁盘清理工具正在计算可以在本地磁盘(D:)上释放多少磁盘空间，如图 14-6 所示。

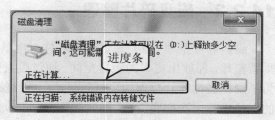

图 14-6

第7步 打开【(D:)的磁盘清理】对话框，在【要删除的文件】区域中，选择准备删除文件前的复选框，如选择【回收站】复选框，单击【确定】按钮，如图 14-7 所示。

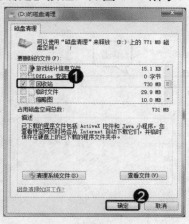

图 14-7

第8步 打开【磁盘清理】对话框，提示确实要永久删除的文件，单击【删除文件】按钮，如图 14-8 所示。

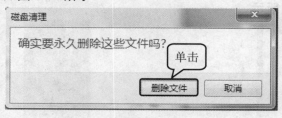

图 14-8

智慧锦囊

如果不准备清理磁盘，那么单击【取消】按钮即可退出。

第9步 打开【磁盘清理】对话框，此时磁盘清理工具正在删除垃圾文件。通过以上操作，即可完成磁盘清理的工作，如图 14-9 所示。

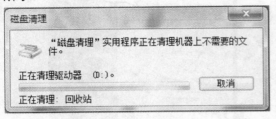

图 14-9

智慧锦囊

在【计算机】窗口中，右击【本地磁盘(D:)】磁盘分区，在弹出的快捷菜单中选择【属性】菜单项，在打开的对话框中选择【常规】选项卡，单击【磁盘清理】按钮，也可以打开【(D:)的磁盘清理】对话框。

◆ **知识拓展**

在进行磁盘清理前，应该对磁盘上的所有重要文件进行一次备份，以防系统感染病毒把重要文件认为垃圾文件删除，同时应该关闭 Windows 7 操作系统桌面屏幕保护和杀毒软件的实时防控功能。

14.2.2 磁盘碎片整理

磁盘碎片整理，就是通过系统软件对电脑磁盘在长期使用过程中产生的碎片和凌乱文件重新整理，释放出更多的磁盘空间。通过磁盘碎片整理，可提高电脑的整体性能和运行速度。为了确保磁盘碎片整理的良好效果，在进行整理前，应该对磁盘上的所有垃圾文件和不需要的文件进行一次彻底清理，同时关闭 Windows 7 操作系统桌面屏幕保护和杀毒软件的实时防控功能。下面以整理本地磁盘(D:)中的碎片为例，详细介绍磁盘碎片整理的操作步骤。

第1步 单击【开始】按钮，在弹出的菜单中选择【所有程序】菜单项，如图 14-10 所示。

第2步 在弹出的下拉菜单中，选择【附件】菜单项，如图 14-11 所示。

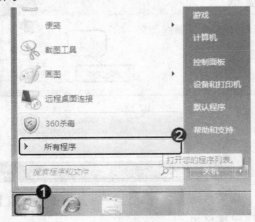

图 14-10

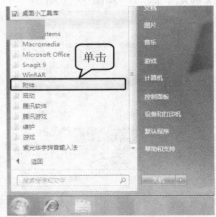

图 14-11

第 3 步 向下拖动垂直滚动条，选择【系统工具】菜单项，如图 14-12 所示。

第 4 步 选择【磁盘碎片整理程序】菜单项，如图 14-13 所示。

图 14-12

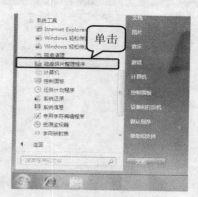

图 14-13

第 5 步 打开【磁盘碎片整理程序】窗口，在【当前状态】区域中，选择准备整理的磁盘，如【本地磁盘(D:)】，单击【分析磁盘】按钮，如图 14-14 所示。

第 6 步 【磁盘碎片整理程序】窗口中出现新的工作界面。此时，Windows 7 操作系统正在分析已选择的本地磁盘(D:)，如图 14-15 所示。

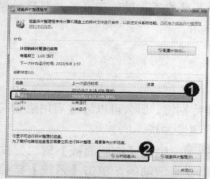

图 14-14

图 14-15

第 7 步 此时，界面中出现碎片分析结果，如图 14-16 所示。

第 8 步 单击【磁盘碎片整理】按钮，如图 14-17 所示。

图 14-16

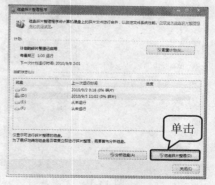

图 14-17

第9步 通过以上操作，即可完成磁盘碎片的整理，如图 14-18 所示。

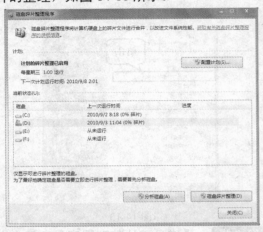

图 14-18

智慧锦囊

右击准备碎片整理的磁盘，如右击【本地磁盘(D:)】，在弹出的菜单中选择【属性】菜单项，打开【本地磁盘(D:)属性】窗口，单击【工具】选项卡，然后单击【立即进行磁盘碎片整理】按钮，也可以进行磁盘碎片的整理。

◆ **知识拓展**

在【磁盘碎片整理分析】窗口中，如果准备不再进行磁盘碎片整理的操作，那么可以通过单击【停止操作】按钮来取消。

14.2.3 启用磁盘写入缓冲

在 Windows 7 操作系统中，如果硬盘运行的速度特别慢，那么可以通过启用磁盘写入缓冲功能，提高硬盘的读写速度，从而使计算机的运行速度加快。

第1步 单击【开始】按钮，在弹出的菜单中选择【控制面板】菜单项，如图 14-19 所示。

第2步 弹出【控制面板】窗口，向下拖动窗口垂直滚动条，单击【系统】链接项，如图 14-20 所示。

图 14-19

图 14-20

第3步 弹出【系统】窗口，单击窗口左侧导航窗格中的【设备管理器】链接项，如图14-21所示。

第4步 弹出【设备管理器】窗口，双击【硬盘驱动器】列表项，右击显示的硬盘驱动器，在弹出的快捷菜单中选择【属性】菜单项，如图14-22所示。

图 14-21

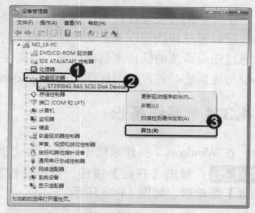

图 14-22

第5步 打开【属性】对话框，单击【策略】选项卡，在【写入缓冲策略】区域中，选择【启用设备上的写入缓存】复选框，单击【确定】按钮，如图14-23所示。

第6步 此时，系统又返回到【设备管理器】对话框，单击窗口标题栏右侧的【关闭】按钮，如图14-24所示。

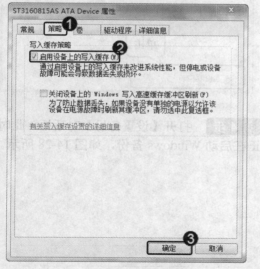

图 14-23

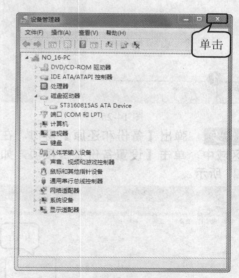

图 14-24

◆ **知识拓展**

在 Windows 7 操作系统中，最好是在有 UPS（不间断电源）的情况下，启用磁盘写入缓冲功能，因为计算机如果突然断电，会导致重要文件丢失。

14.3 Windows 7 系统备份与还原

在计算机的使用过程中，如果遇到安装某个程序或驱动后，系统无法正常工作的情况，那么可以通过卸载程序或驱动程序来解决问题。但是如果卸载后系统仍然没有修复，那么可以通过还原系统的操作来解决问题，前提是做好系统备份。Windows 7 操作系统提供了系统备份与还原的功能，下面详细介绍 Windows 7 系统备份与还原的方法。

14.3.1 系统备份

在 Windows 7 操作系统中，为了防止重要数据丢失或损坏，可以备份数据。

第1步 单击【开始】按钮，选择【控制面板】菜单项，如图 14-25 所示。

第2步 弹出【控制面板】窗口，单击【备份和还原】链接项，如图 14-26 所示。

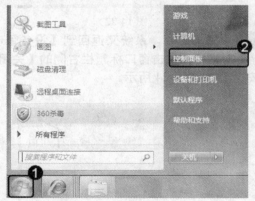

图 14-25

图 14-26

第3步 弹出【备份和还原】窗口，在备份区域中，单击【设置备份】链接项，如图 14-27 所示。

第4步 打开【设置备份】对话框，此时，正在启动 Windows 备份，如图 14-28 所示。

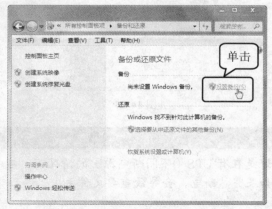

图 14-27

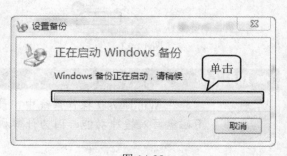

图 14-28

第5步 弹出【选择要保存备份的位置】界面，在【保存备份的位置】区域中，选择准备保存位置的磁盘，如选择【本地磁盘(E:)】，单击【下一步】按钮，如图 14-29所示。

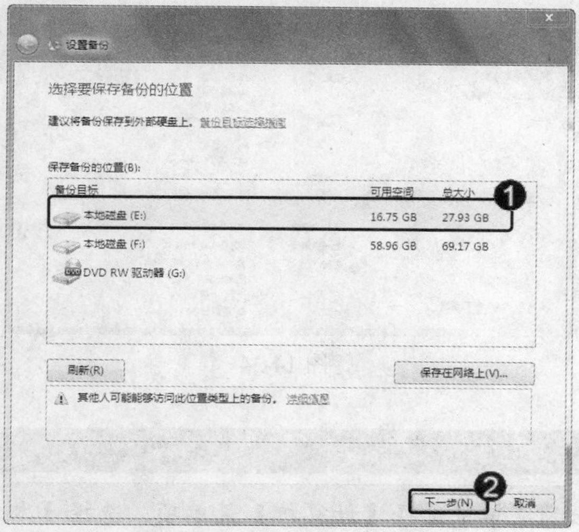

第6步 弹出备份内容的界面，在【您希望备份哪些内容】区域中，选择【让我选择】单选框，单击【下一步】按钮，如图 14-30所示。

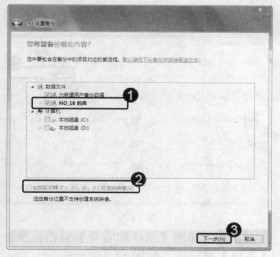

图 14-29

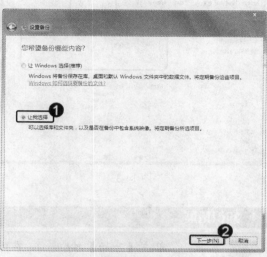

图 14-30

第7步 弹出选择备份内容的界面，在【选中要包含在备份的项目对应的复选框】区域中，选择准备备份的项目复选框，如选择【NO_16 的库】复选框，取消选择【包括驱动器(C:),(D:),(E:),(F:)的系统映像(S)】复选框，单击【下一步】按钮，如图 14-31 所示。

第8步 弹出【查看备份设置】界面，在此对话框中可以查看备份位置、更改计划、备份摘要和详细信息，单击【保存设置并运行备份】按钮，如图 14-32 所示。

图 14-31

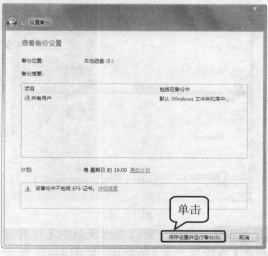

图 14-32

第9步 弹出【备份或还原文件】窗口，此时窗口中显示备份进度，如图 14-33 所示。

第10步 此时，可以查看上一次备份、下一次备份、内容和计划等信息，如图 14-34 所示。

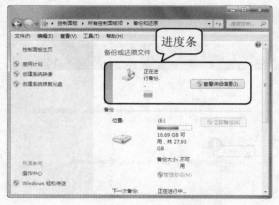

图 14-33　　　　　　　　　　　　　　　图 14-34

◆ **知识拓展**

　　单击【开始】按钮 ，在弹出的菜单中选择【计算机】菜单项，选择【本地磁盘(E:)】选项，可以查看到已备份的 NO_16 的库。

14.3.2　创建系统还原点

第1步 单击【开始】按钮，在弹出的菜单中选择【控制面板】菜单项，如图 14-35 所示。

第2步 单击查看方式下拉箭头，在弹出的菜单中选择【类别】菜单项，如图 14-36 所示。

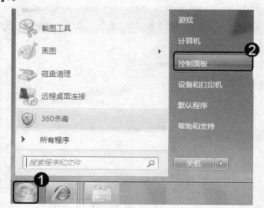

图 14-35

图 14-36

第3步 此时，窗口中出现新的工作界面，单击【系统和安全】链接项，如图 14-37 所示。

第4步 弹出【系统和安全】窗口，单击【系统】链接项，如图 14-38 所示。

图 14-37

图 14-38

第5步 弹出【系统】窗口，在窗口任务窗格中，单击【系统保护】链接项，如图 14-39 所示。

第6步 打开【系统属性】对话框，在【系统保护】区域中，选择准备保护的磁盘，如选择【本地磁盘(D:)】，单击【创建】按钮，如图 14-40 所示。

图 14-39

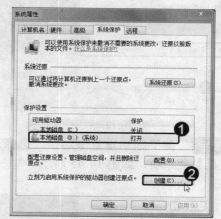

图 14-40

第7步 打开【系统保护】对话框，在【创建还原点】文本框中输入准备创建还原点的名称，如输入【Windows 7 D 盘还原点】，单击【创建】按钮，如图 14-41 所示。

第8步 此时，界面显示已成功创建还原点，单击【关闭】按钮，如图 14-42 所示。

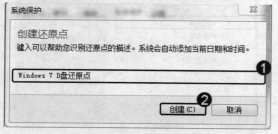

图 14-41

图 14-42

14.3.3 系统还原

创建系统还原点后，如果系统出现故障，那么可以使用 Windows 7 操作系统的系统还原功能还原系统，使计算机正常运行。

第1步 单击【开始】按钮，选择【所有程序】菜单项，如图 14-43 所示。

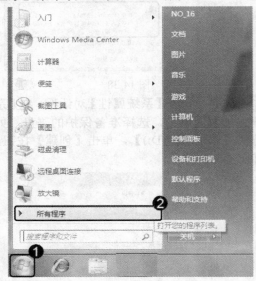

图 14-43

第2步 在弹出的下拉菜单中，选择【附件】菜单项，如图 14-44 所示。

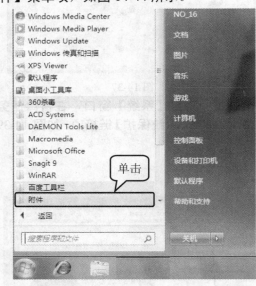

图 14-44

第3步 向下拖动垂直滚动条，选择【系统工具】菜单项，如图 14-45 所示。

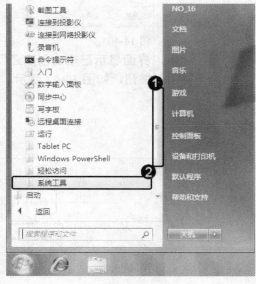

图 14-45

第4步 选择【系统还原】菜单项，如图 14-46 所示。

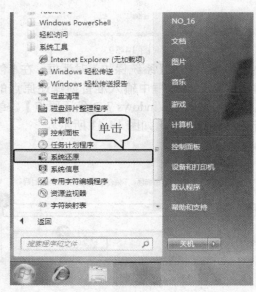

图 14-46

第5步 打开【系统还原】对话框,在【还原系统文件和设置】区域中,选择【选择另一还原点】单选框,单击【下一步】按钮,如图 14-47 所示。

第6步 进入【将计算机还原到所选事件之前的状态】界面,在【当时时区】区域中,选择已创建的还原点【Windows 7 D 盘还原点】,单击【下一步】按钮,如图 14-48 所示。

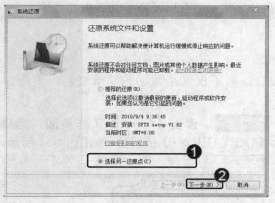

图 14-47

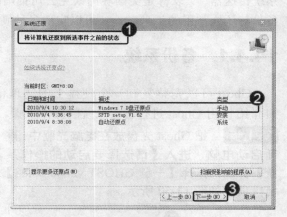

图 14-48

第7步 进入【确认还原点】工作界面,单击【完成】按钮,如图 14-49 所示。

图 14-49

智慧锦囊

在【确认还原点】工作界面中,单击【上一步】按钮,可以返回到上一步操作的界面。

在【确认还原点】工作界面中,单击【取消】按钮,可以取消还原系统的操作。

◆ **知识拓展**

在进行还原系统操作时,最好是在有 UPS(无间断电源)的情况下进行操作。如果突然中断电源,那么会损坏 Windows 7 操作系统中的部分文件。

在【将计算机还原到所选事件之前】界面中,单击【扫描受影响的程序】按钮,Windows 7 操作系统可以跳过扫描受影响的程序进行系统还原。

在【将计算机还原到所选事件之前】界面中,单击【创建密码重置盘】超链接,可以重新设置 Windows 7 密码,重新选择还原点。

14.4　使用 Ghost 备份与还原系统

Ghost（是 General Hardware Oriented Software Transfer 的缩写，译为"面向通用型硬件系统传送器"）软件是美国赛门铁克公司推出的一款出色的硬盘备份还原工具，是一种系统备份与还原常用的工具之一，可以实现多种硬盘分区格式的分区及硬盘的备份与还原。

14.4.1　备份系统

Ghost 可以完整复制一个硬盘上的物理信息，而不仅仅是数据的简单复制，下面详细介绍使用 Ghost 进行备份系统的操作步骤。

第1步　把 Ghost 光盘放在电脑光驱中，重新启动电脑，进入【请选择要启动的操作系统】界面，选择【一键 GHOST v2008.08.08】链接项，如图 14-50 所示。

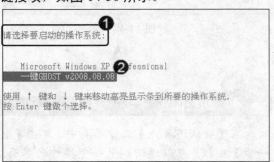

图 14-50

第3步　弹出【Microsoft MS-DOS 7.1 Startup Menu】工作界面，按【↓】键选择【3. GHOST 11.2】链接项，如图 14-52 所示。

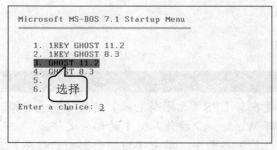

图 14-52

第5步　进入【Symantec】界面，选择【Local】菜单项，在弹出的子菜单中依次选择【Partition】→【To Image】菜单，如图 14-54 所示。

第2步　弹出【Ghost】工作页面，选择【1KEY GHOST】链接项，如图 14-51 所示。

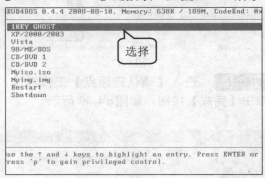

图 14-51

第4步　打开【About Symantec Ghost】对话框，单击【OK】按钮，如图 14-53 所示。

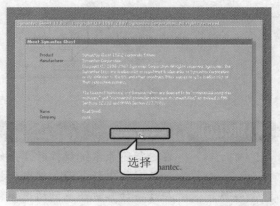

图 14-53

第6步　打开【Select local drive clicking on the drive number】对话框，选择系统默认的区域，单击【OK】按钮，如图 14-55 所示。

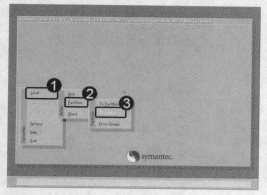

图 14-54

第7步 此时，窗口中出现新的界面，选择系统默认的区域，单击【OK】按钮，如图 14-56 所示。

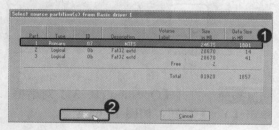

图 14-56

第9步 打开【Compress Image(1916)】对话框，单击【Fast】按钮，如图 14-58 所示。

图 14-58

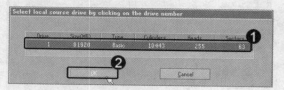

图 14-55

第8步 打开【File name to copy image to 】对话框，单击【Look in】下拉箭头，在弹出的菜单中选择准备保存的位置，选择【本地磁盘（C:）】，在【File name】文本框中输入文件名，如输入【Windows】，单击【Save】按钮，如图 14-57 所示。

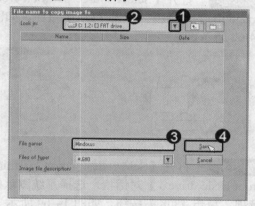

图 14-57

第10步 单击【Continue】按钮，即可完成系统的备份，如图 14-59 所示。

图 14-59

14.4.2 还原系统

系统备份后，如果计算机系统出现故障，那么就可以通过备份的系统进行还原。

第1步 启动电脑，选择 Ghost 工具，进入【Symantec】界面。依次选择【Local】→【Partition】→【From Image】菜单项，如图 14-60 所示。

第2步 打开【Image file to restore from】对话框，单击【Look in】下拉箭头，在弹出的下拉菜单项中选择备份的位置，单击【Open】按钮，如图 14-61 所示。

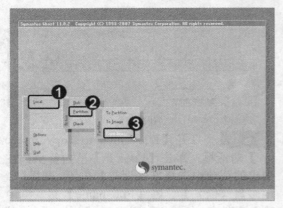

图 14-60

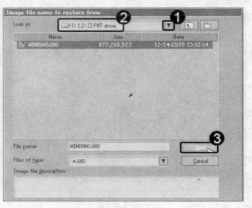

图 14-61

第3步 打开【Select source partition from image file】对话框，单击【OK】按钮，如图 14-62 所示。

图 14-62

第4步 打开【Select local destination drive by clicking on the drive number】对话框，单击【OK】按钮，如图 14-63 所示。

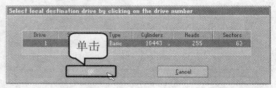

图 14-63

第5步 打开【Select destination partition from basic drive 1】对话框，选择系统默认的选项，单击【OK】按钮，如图 14-64 所示。

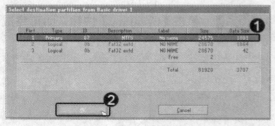

图 14-64

第6步 打开【Question!(1823)】对话框，单击【Yes】按钮，如图 14-65 所示。

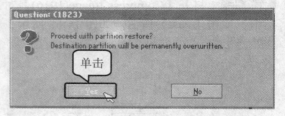

图 14-65

第7步 打开【Clone Compelete(1912)】对话框，单击【Reset Computer】按钮即可还原系统，如图 14-66 所示。

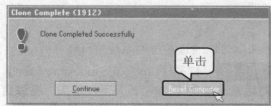

图 14-66

智慧锦囊

在进行系统备份或还原时，如果选择了错误的菜单，那么可以按【Esc】键，返回到上一步的操作界面。